Edith Lammerts van Bueren

Leben mit Persephone
und die Zukunft der Pflanzenwelt

Edith Lammerts van Bueren

Leben mit Persephone
und die Zukunft der Pflanzenwelt

Verlag am Goetheanum

Niederländische Originalausgabe:
«Leven met Persephone en de toekomst van de plantenwereld»,
erschienen bei Uitgeverij Pentagon, Amsterdam 2023

Der Verlag am Goetheanum im Internet:
www.goetheanum-verlag.ch

Satz: ATHENA Verlagsdienstleistungen, Oberhausen
Umschlag: Wolfram Schildt, Berlin
Druck und Bindung: Jelgavas Tipogrāfija Jelgava, Latvia

ISBN (Print) 978-3-7235-1742-0
ISBN (E-Book) 978-3-7235-1757-4

Inhalt

An den Leser

Die Krise der Landwirtschaft ist nicht neu. Schon in den späten 1920er Jahren ‹bastelte› der Mensch an der Natur. Der Deutsche Justus von Liebig (1803–1873) gilt als Erfinder und erster Anwender von Düngemitteln. Im Jahr 1924, als Rudolf Steiner in einem Kurs die geistigen Grundlagen für eine gesunde Landwirtschaft vermittelte, arbeiteten bereits die ersten Bauern mit Kunstdünger.

Es ist selten, dass ein Autor, der auch Wissenschaftler ist, einen so persönlichen und gleichzeitig so objektiven Beitrag verfasst. Edith Lammerts van Bueren beschreibt ihre Entdeckungsreise zu ihrer Beziehung zu Persephone-Natura als Göttin und Hüterin der Pflanzenwelt. Für sie wurde dieses Wesen zu einem Inspiratonsquell in ihrem Leben.

Jahrelang hat sie sich als Forscherin am Louis Bolk Institut und später auch als Professorin an der Universität Wageningen mit ökologischer Pflanzenzüchtung beschäftigt. Ganz besonders ist die Sicht, die sie auf die moderne Gentechnik und – als deren Gegenimpuls – auf die Feldpräparate in der biodynamischen Landwirtschaft entwickelte.

Weil sie in all den Jahren den Kontakt zur Realität, zu den biodynamischen Bauern und zur biodynamischen Forschung gehalten hat, ist dieses Buch ein warmes, gelebtes persönliches Dokument geworden. Bemerkenswert ist, dass man als Leser nicht akademisch gebildet sein muss. Auch braucht man, obwohl Edith Lammerts von Rudolf Steiners anthroposophischer Geisteswissenschaft inspiriert ist, keine Vorkenntnisse der Anthroposophie.

Möge dieses Buch die Leser dazu inspirieren, in dieser komplexen, materiellen Welt weiterhin das Licht des Geistes zu sehen.

Bart Muijres
Verleger Uitgeverij Pentagon, Amsterdam

PRIESTER
Geht in Frieden und verherrlicht
die Zerbrechlichkeit des Lebens.
Geht hinaus und verkündet die Hymne des Wassers,
die Verantwortung für die Erde
und alles, was in ihr, auf ihr und
von ihr dauerhaft existiert.
Geht hinaus, werdet zu Pflegern der Erde
und tragt das Joch der hingebungsvollen Sorge.

Auszug aus dem Gedicht *Lux aeterna*
von Antjie Krog (2020)*

Kapitel 1 Meine Begegnung mit Persephone

Der griechische Mythos von Persephone, die als junge Göttin der Pflanzenwelt und Tochter der Landbaugöttin Demeter von dem Gott Hades geraubt und in die Unterwelt entführt wurde, hatte mich schon früher fasziniert. Aber damals hatte ich keine Ahnung, dass diese Geschichte auch von mir handelt. Das änderte sich im Jahr 2017. In jenem Jahr geschah etwas Tiefgreifendes während meiner Arbeit als Agrarforscher. Es war ein intensives Erlebnis, das letztlich zu meiner Begegnung mit Persephone führte und entscheidend für meinen weiteren Lebensweg wurde. Um dieses Ereignis richtig einordnen zu können, möchte ich zunächst etwas über seinen Kontext erzählen.

In den späten 1980er Jahren, als ich schon einige Jahre als Forscher für biologischen Landbau am Louis Bolk Institut in den Niederlanden tätig war, hörte man die ersten kritischen Äußerungen zur Gentechnik bei Pflanzen. Das war ein Appell an den Biosektor, die Dinge selbst in die Hand zu nehmen, denn damals waren die Biobauern für ihr Saatgut noch sehr abhängig von der konventionellen Pflanzenzüchtung (siehe Kapitel 8). Meine Aufgabe bestand darin, herauszufinden, welche Pflanzenzüchtungstechniken für den ökologischen Landbau geeignet sind und welche nicht. Zehn Jahre später stellte sich mir die Frage, ob ich eine Teilzeitprofessur für Biologische Pflanzenzüchtung an der Universität Wageningen (NL) übernehmen wollte. Es war eine Frage, die mich überraschte. Aber zum Teil auf Drängen von Kollegen aus dem Biosektor schlug ich diesen Weg trotzdem ein. Sie hielten es für wichtig, eine Brücke zur ‹Löwengrube› Wageningen zu schlagen, und dieser Herausforderung fühlte ich mich gewachsen.

Ich wurde zu vielen öffentlichen Debatten eingeladen und war jahrelang ein prägendes Gesicht, wenn es darum ging, zu erklären, warum der Biolandbau keine Gentechnik wollte. Natürlich hat mir die Ablehnung der Gentechnik nicht immer den Dank der Befürworter eingebracht. In solchen Debatten konnte es schon mal hitzig zugehen.

‹Für wen mache ich das alles?›

Viele der Resultate, die wir bei der Förderung des biologischen Saatgutanbaus und der Züchtung in den Niederlanden erzielt haben, sind zum Teil auf die Zusammenarbeit mit Personen aus dem konventionellen Saatgutsektor zurückzuführen. Meiner Erfahrung nach finden sich unter ihnen immer Menschen, denen der biologische Sektor am Herzen liegt. Als sich also einer von ihnen in den Ruhestand verabschiedete, wollte ich gerne dabei sein. Der Abschiedsfeier ging ein Mini-Symposium voraus, bei dem Referenten sowohl über die Herausforderungen der konventionellen als auch der biologischen Saatguterzeugung berichteten. Die Stimmung war festlich und gesellig. Sie kippte für mich jedoch schlagartig, als jemand aus dem Publikum eine wütende Tirade über die seiner Meinung nach unverantwortliche Ablehnung der Gentechnik in der biologischen Landwirtschaft losließ. Schließlich hungert die Welt, und wir müssen alle Mittel einsetzen, die uns zur Verfügung stehen!

Die Worte dieses Teilnehmers haben mich tief berührt und ich habe in dieser Nacht schlecht geschlafen. Es war eine heikle Zeit für mich, so im letzten Jahr vor meiner Pensionierung. Es schien mir, als hätten wir in diesen 30 Jahren der Gentechnikdebatte keine Fortschritte gemacht, als ob man immer wieder bei Null anfing. Ich hatte zu kämpfen, um nicht zu denken, dass meine ganze Arbeit umsonst gewesen war, und um nicht von Verzweiflung und Hoffnungslosigkeit übermannt zu werden.

Zum Glück gelang es mir, diese schlechten Gedanken zu stoppen. Aber ich war schockiert, dass ich so niedergeschlagen war. Wie konnte es überhaupt so weit kommen? Schließlich habe ich schon unzählige Diskussionen über Gentechnik geführt und kenne die Argumente der anderen Seite, oder? Jedes Mal habe ich geduldig erklärt, dass solche zutiefst in das Leben eingreifenden Techniken nicht zu den Werten des Biolandbaus passen. Ich akzeptiere, dass wir in einer pluralistischen Gesellschaft leben und dass ich natürlich längst nicht alle überzeugen kann. Wenn nur die Befürworter der Gentechnik im Gegenzug akzeptieren würden, dass der Biolandbau nach einer alternativen Form der Landwirtschaft und Züchtung sucht, die auf ihren eigenen Werten basiert. Und dass der Biosektor aus diesem Grund vor Gentechnikprodukten geschützt bleiben will.

Das Ereignis ließ mich nicht mehr los und ich beschloss, mit Jaap van de Weg[1] darüber zu sprechen. Ich wollte verstehen, was mit mir geschehen war. Ich kenne Jaap aus jahrelanger Zusammenarbeit in der interdisziplinären Arbeitsgruppe über Genmanipulation und Urteilsvermögen.[2] Dort hatte er auch eine Coaching-Rolle für die Teilnehmer, um zu lernen, in solchen Gentechnik-Debatten aufrecht zu bleiben. Ich erzählte ihm von dem Vorfall und dass ich mich fragte: *Für wen mache ich das alles?* Das ist einer dieser Verzweiflungsrufe, die jeder irgendwann in seinem Leben oder bei seiner Arbeit ausstoßen kann. Aber Jaap nahm die Frage ernst und antwortete überrascht: *Das könnte eine sehr wesentliche Frage sein! Für wen machst du das eigentlich? Mit anderen Worten, von welchem geistigen Wesen wirst du inspiriert?* Jaap schlug vor: *Ist es Demeter, die Göttin des Landbaus?* Kein unlogischer Gedanke, aber er hat bei mir keine Resonanz gefunden. Auch nicht Gaia, die Göttin der Erde, wie eine enge Freundin vorschlug, mit der ich darüber sprach.

Und dann erschien Persephone …

Jaaps Frage: *Wer steht hinter dir?* faszinierte mich. So verbrachte ich die folgenden Tage damit, mit dieser Frage zu leben und zu meditieren. Ich bekam keine unmittelbare Antwort darauf, aber sie wurde mehr und mehr zu einer existenziellen Frage: *Für wen setze ich mich ein und riskiere meinen Kopf?* In einem unerwarteten Moment, unterwegs im Zug, während einer Pause von einem Buch, das ich gerade las, tauchte der Name von Persephone auf. Ich sah den Namen als Bild vor mir, wie auf einem länglichen Banner gedruckt, wie man sie manchmal hinter einem Werbeflugzeug wehen sieht. Ich war völlig überrascht, aber ich wusste sofort: Das ist sie! Wie konnte ich sie nur all die Jahre so vergessen!

Mir fiel sofort ein, dass ich vor langer Zeit einmal ein Büchlein mit einem Vortrag von Hans Peter van Manen aus dem Jahr 1989 über die Beziehung zwischen Sophia, der Göttin der Weisheit, und Persephone, der Göttin der Pflanzenwelt, gekauft hatte.[3] Ich erinnere mich noch, dass ich das Büchlein in meiner Begeisterung ausgeliehen habe und es nicht zurückbekam. So war Persephone aus meinem Bewusstsein verschwunden. Wunderbar, wie sie nach all den Jahren einfach so zurückkommt …! Es war inspirierend zu entdecken, in welcher geistigen Strömung ich mich befinde. Gleichzeitig merkte ich auch, dass sich damit eine neue Suche eröffnete. Denn was bedeutet es, in der Strömung von Persephone zu stehen? Wie sollte ich das sehen? Und wer ist Persephone überhaupt?

Abb. 1. Die Verherrlichung der Blume. Es handelt sich um ein Fragment (56,5 × 67 cm) eines Marmorgrabsteins aus dem 5. Jahrhundert v. Chr., gefunden in Thessalien, Griechenland. Es befindet sich derzeit im Louvre in Paris. Die beiden weiblichen Figuren, die sich liebevoll und ernsthaft ansehen, können als Persephone und Demeter verstanden werden.

Was bedeutet ‹*In wessen geistigem Strom stehe ich?*›

Bevor ich im nächsten Kapitel näher darauf eingehe, wer Persephone ist, möchte ich kurz erläutern, wie ich die Frage – in wessen geistigem Strom stehst du – verstehe. Ich gehe davon aus, dass es hinter der sichtbaren, greifbaren, materiellen Welt eine unsichtbare, geistige, spirituelle Welt gibt. Diese hat ihre Wirkung auf die sichtbare Welt, aber es gibt auch eine solche Wirkung in umgekehrter Richtung. Ich gehe auch davon aus, dass man diese geistige Welt erforschen kann. Auch wenn wir sie mit unserem irdischen Blick nicht ‹sehen›, können wir ihre Wirkung und ihren Einfluss in unserem täglichen Leben und in der Natur um uns herum spüren und erleben. Zumindest, wenn wir unsere Aufmerksamkeit darauf richten. Wenn wir darauf achten, wie sich die ‹zusammengepferchten› Blütenblätter einer Mohnblume auf magische Weise entfalten, wie die ordentlich, harmonikaartig gefalteten Buchenblätter aus ihren Knospen hervortreten, wie sich wundersame Regentropfen wie Perlen auf die Blätter des Frauenmantels legen (siehe Abb. 2).

Meditation kann helfen, Zugang zu dieser geistigen Welt zu finden, d.h. zu der Welt hinter den Erscheinungen (der Natur). Es gibt verschiedene Meditationstechniken. Für mich ist Meditation nicht so sehr eine Entspannungsübung oder eine Atemübung, sondern mehr. Für mich ist es ein Weg, mit der geistigen Welt in Verbindung zu treten. Ich zögere ein wenig, darüber zu sprechen, weil Meditation ein intimer Prozess ist, über den wir noch nicht oft miteinander sprechen. Aber wenn wir in der geisteswissenschaftlichen Forschung vorankommen wollen, ist es gut, wenn wir uns über einzelne Praktiken austauschen.

Mein Weg ist es, zunächst alles um mich herum konzentriert loszulassen und den Kopf frei zu bekommen. Dann lasse ich mich ‹in eine andere Schicht meines Seins› sinken. Das fühlt sich so an, dass ich mich ein wenig zurücklehne und über den Rücken in diese andere Schicht sinke. Dann kann ich mich auf eine Frage an die geistige Welt konzentrieren. Manchmal frage ich z.B. Persephone etwas Bestimmtes. Ich öffne mich für das, was die geistige Welt mir zuflüstern oder zeigen will. Das kann in Form einer Inspiration sein, die bei mir oft die Form eines kurzen Satzes annimmt. Es kann auch in Form einer Imagination sein, in Form von Bildern. Manchmal hilft es mir auch, eine Zeit lang mit einer Frage

Abb. 2. Oben links: Knospende Mohnblüte *(Papaver rhoeas)*. Oben rechts: Knospendes Buchenblatt *(Fagus sylvatica)*. Unten: Wassertropfen auf den Blättern des Frauenmantels *(Alchemilla mollis)*.

herumzulaufen, ein paar Tage oder länger. Ich stelle mir diese Frage zum Beispiel vor dem Einschlafen und bin aufmerksam, ob mir am nächsten Morgen oder später etwas einfällt. Und manchmal suche ich die Ruhe eines langen Spaziergangs, stelle die Frage zu Beginn des Spaziergangs und bitte auch um ein Zeichen zur Bestätigung. Dann lasse ich sie los oder trage sie mit mir und vertraue darauf, dass die Frage irgendwo während des Spaziergangs innerlich beantwortet werden wird.

In den letzten Jahren gelingt mir die Meditation immer besser, aber sie ist immer noch nicht selbstverständlich. Wie jeder andere muss auch ich als Voraussetzung für die Meditation ruhig und aufmerksam sein. Aber manchmal kommen die Bilder einfach zu mir, scheinbar ungebeten.

Außerdem betrachte ich die geistige Welt als eine Welt, in der Wesen aus allen Bereichen des Lebens agieren, wahrscheinlich mindestens so vielfältig, wie es Lebewesen auf der Erde gibt. In der Anthroposophie wird der Erzengel Michael als der aktuelle Zeitgeist gesehen. Er fordert die Menschen auf, nicht nur in ihrem Wahrnehmen und Denken, sondern auch in ihrem Handeln zum Ausdruck zu bringen, dass die Welt nicht nur Materie ist, sondern von geistiger Wirklichkeit durchdrungen ist.[4] Zwischen Michael und dem Menschen stehen viele geistige Wesen, die als Helfer aus dem ‹Michaelstrom› dem einzelnen Menschen näher sind und ihn auf seinem spezifischen Lebensweg inspirieren. Dabei gehe ich davon aus, dass es sich nicht um eine Einbahnstraße von der geistigen Welt zu uns Menschen handelt. Sondern dass umgekehrt die geistige Welt auch davon abhängig ist, was wir als freie Erdenbürger bei allen Widerständen, die uns begegnen, realisieren können. Das wiederum lässt neue Erkenntnisse in die Engelwelt aufsteigen. Ich stelle mir so vor, dass es eine gegenseitige Hilfe in der Entwicklung von Erde und Mensch gibt.

Die Widerstände, denen wir begegnen, können als Gegenkräfte gesehen werden, die uns von unserem Weg, Erde und Kosmos im Zusammenhang zu sehen, abhalten wollen. Ich habe bereits ein Beispiel erwähnt mit meiner Reaktion der Verzweiflung und Entmutigung, die der Mann aus dem Publikum mit seiner Tirade beim Abschiedssymposium meines Kollegen anfangs in mir auslöste; eine Reaktion wie: *Hör einfach auf, es hat keinen Sinn.* Mit diesen Gegenkräften sind geistige Wesen verbunden, die traditionell und auch in der Anthroposophie Luzifer und Ahriman genannt werden. Sie verleiten uns dazu, die irdische Wirklichkeit nicht sehen zu wollen, in Illusionen zu leben und den Boden unter den Füßen zu verlieren, oder nur die physische, materielle Wirklichkeit anzunehmen und zynisch gegenüber einer möglichen geistigen Wirklichkeit zu sein. Weil ich es nach dem Vorfall während des Mini-Symposiums nicht dabei belassen habe, sondern jemanden aufgesucht habe, der meine Frage (*für wen mache ich das eigentlich?*) als eine wesentliche Frage gesehen hat, konnte ich den nächsten Schritt machen. Eigentlich können solche Gegenkräfte auch positiv als Entwicklungsprinzipien gesehen werden, die wir brauchen, um uns nicht zu verstecken oder abzuschotten. Wir können lernen, uns zwischen Polaritäten wie Licht und Dunkelheit oder Verflüchtigung und Verhärtung zu bewegen. Der Schlüssel liegt darin, im Gleichgewicht zwischen diesen beiden Kräften zu bleiben, dann halten sie uns wach und aufmerksam.

Aus diesem geistigen Kontext heraus kann sich wohl jeder die Frage stellen: In wessen Strom der Inspiration stehe ich eigentlich? Wer hat mich gebeten, in seinem Auftrag etwas auszudrücken oder auszuarbeiten, das auf der Erde erscheinen will? Denn wenn du weisst, wer dich auf deinem spezifischen Lebensweg inspiriert oder für wen du im Alltag ‹ein moderner Priester› bist, dann kann dieses Wissen deiner Arbeit und deinem Leben mehr Richtung geben. Nachdem ich herausgefunden habe, dass dies für mich Persephone ist, wollte ich natürlich nichts anderes, als zu wissen, welche Kraft sie repräsentiert. Ich möchte verstehen, was sie für mich bedeutet und was sie von mir verlangt! Das ist das Thema dieses Buches.

Kapitel 2 Wer ist Persephone?

Meine Suche danach, wer Persephone ist, führte mich zu ihrer Erscheinung in verschiedenen Epochen. Am bekanntesten ist Persephone als Göttin des Pflanzenreichs in der griechischen Mythologie.[1] Dann erscheint sie in den Schriften der Schule von Chartres (11./12. Jahrhundert n. Chr.) als das Wesen Natura[2]. Und schließlich, zu Beginn des 20. Jahrhunderts, erscheint in den Betrachtungen Rudolf Steiners (1861–1925) ihre Rolle in unserer Zeit als geistiges Wesen, das mit der Lebensschicht der Erde und insbesondere mit der Pflanzenwelt verbunden ist.[3]

Welche Bedeutung haben diese alten Beschreibungen der Götterwelt für unsere heutige Zeit? Von Steiner wissen wir, dass sich die Götter im Laufe der Zeit und in ihren Rollen weiterentwickeln.[4] Eine meiner Forschungsfragen lautet daher: Wie hat sich Persephone über Natura zu ihrer heutigen Gestalt entwickelt? Ich habe den Eindruck, dass die Vorstellung, dass sich Götter weiterentwickeln, nicht bedeutet, dass frühere Erscheinungsformen einer Gottheit jetzt irrelevant sind. Daher lautet meine Frage auch: Mit welcher Persephone habe ich es in welcher Situation zu tun? Auf diese weitreichende Frage werde ich in diesem Kapitel keine abschließende Antwort geben können, denn sie ist eigentlich das Thema des gesamten Buches.

Persephone in der griechischen Mythologie

In meiner eigenen Gymnasialzeit musste ich im Griechischunterricht viel von Homer übersetzen, d. h. aus dem Altgriechischen. Es hat mich fasziniert, wie die Griechen damals die Welt der Götter im Verhältnis zu ihrer irdischen Wirklichkeit erlebten. Homer schreibt nur kurz über Demeter und Persephone. Viel ausführlicher wird diese Geschichte in der Hymne an Demeter erzählt, einer der sogenannten Homerischen Hymnen. Diese stammen jedoch nicht von Homer, sondern von verschiedenen unbekannten Autoren aus der Zeit zwischen 650 und 550 v. Chr.

Die Hymne an Demeter beschreibt, wie die junge Persephone (ΠΕΡΣΕΦΟΝΕΙΑ) als Göttin der Pflanzen für ihre Mutter Demeter ein

Abb. 3. Griechische Vase oder Urne aus roter Keramik (um 340 v. Chr.) mit der Darstellung des Raubes der Persephone, Antikensammlung Berlin. Unten: Hades und Persephone mit Hermes auf der rechten Seite. Oben: Ein von Panthern gezogener Wagen, geritten von einem Helfer der Demeter. Rechts daneben steht Demeter selbst. Der Diener muss den Raub rückgängig machen und beginnt die Verfolgung. Er geht jedoch in die falsche Richtung, wie die Vase andeutet, und wird daher keinen Erfolg haben.

Gewand aus allen Formen und Farben der lebendigen Natur webt. Demeter, die Göttin der Fruchtbarkeit der Erde und des Landbaus, wacht streng über ihre Tochter. Letztere darf alle Götter anrufen, nicht aber Eros, den Gott der Liebe und der blinden Leidenschaft. Sie darf Blumen pflücken, aber keine Narzissen, denn dann würde sie sich ins Verderben stürzen.[5] Doch Eros verführt sie listig dazu, trotzdem die Narzisse zu pflücken, die schönste Blume, und als sie das tut, öffnet sich die Erde. Aus dem klaffenden schwarzen Loch erscheint ein Wagen, gezogen von einem Gespann aus feurigen Pferden, mit Hades, dem Gott der Unterwelt, als Kutscher. Er fesselt Persephone und nimmt sie als seine Königin mit in das Reich der Toten. Rembrandt (Abb. 4) hat dieses dramatische Bild meisterhaft gemalt: Als ein leuchtendes Wesen wird Persephone geraubt und in die dunkle Unterwelt gebracht.

Die Erde schließt sich schnell hinter dem Wagen von Hades und Per-

Abb. 4. Der Raub der Persephone durch Hades. Gemälde von Rembrandt van Rijn (1632), Gemäldegalerie Berlin.

sephone, und es scheint, dass keiner der Götter ihre Schreie hört oder das Verschwinden gesehen hat. Und als Demeter das Verschwinden entdeckt, kann ihr nur der Sonnengott Helios, der alles sieht, sagen, dass es Persephones eigener Vater Zeus war, der seinem verliebten Bruder Hades die Erlaubnis gab, Persephone als Gattin zu nehmen. Die Nachricht, dass ihre Tochter in der Unterwelt ist, dem einzigen Ort, zu dem Demeter keinen Zutritt hat, macht sie sehr traurig und zornig. Sie verlässt den Wohnsitz der Götter auf dem Olymp und wandert unerkennbar als alte Frau unter den Sterblichen auf der Erde.

In ihrer Trauer um den Verlust ihrer Tochter lässt Demeter die Erde verdorren und verhindert, dass die Saat wächst. Die Menschen sind in Gefahr, zu sterben. Das wird Zeus zu viel, und unter großem Druck von Demeter kommt es zu einem Kompromiss: Persephone darf einige Monate im Jahr (Frühling und Sommer) in der Oberwelt leben, wenn sie gleichzeitig ein Drittel des Jahres (Herbst und Winter) in der Unterwelt die Frau des Hades ist. In Abb. 5 sehen wir, wie sehr sich Persephone nach ihrer Mutter sehnt. In Begleitung von Hermes, dem Götterboten, kehrt sie zu Demeter zurück, die sie in der Oberwelt mit offenen Armen empfängt. Nach Persephones Rückkehr stellt Demeter das Wachstum der Ernte wieder her und beide Göttinnen nehmen ihren Platz unter den Göttern im Olymp wieder ein.

Abb. 5. Die Rückkehr der Persephone. Gemälde von Frederic Leighton (1891), Leeds Art Gallery.

Die Mysterien von Eleusis

Über die Erde wandernd, kommt Demeter auch nach Eleusis, das in Ithaka bei Athen liegt. Als sie sich an einer Quelle ausruht, laden junge Mädchen sie ein, mit ihnen nach Hause zu kommen. So betritt sie den Palast des Königs Keleos von Eleusis, zunächst noch ohne ihre wahre Identität zu enthüllen. Mehrere Versionen des Mythos erzählen, dass der älteste Sohn des Königs, Triptolemos, von Demeter eingeweiht wird und die Kunst des Ackerbaus erlernt. Er verbreitet den Ackerbau in der ganzen Welt und wird oft in einem geflügelten Wagen dargestellt, der von Schlangen gezogen wird, während er die Körner über die Erde verstreut. Triptolemos – sein Name bedeutet dreimaliger Pflüger – gilt als Erfinder des Pfluges. Der Zusatz ‹dreimal› kann als Bild für seinen hohen Grad der Einweihung verstanden werden.[6] Triptolemos wird in der Homerischen Hymne an Demeter als einer der ersten Priester der Mysterien von Eleusis erwähnt, in anderen Schriften auch als Gründer dieser Mysterien (Abb. 6).

Abb. 6. Triptolemos empfängt Weizengarben von Demeter und Segnungen von Persephone, dargestellt mit einer Fackel als Zeichen der eleusinischen Einweihung. Relief aus dem 5. Jahrhundert v. Chr. Nationales Archäologisches Museum in Athen.

Was sind Mysterien? Es handelt sich um heilige Gottesdienste in Zentren, in denen auch Unterricht und Einweihung stattfanden. Die Mysterien in Eleusis fanden zu zwei Momenten im Jahr statt.[7] Die großen Mysterien im Frühherbst, wenn die Erde gepflügt und das Wintergetreide gesät wurde; das Getreide, das während des Winters in der Erde ruhte und bis zum Frühjahr nur langsam wuchs. Die kleinen Mysterien wurden im Februar für eine ausgewählte Gruppe von Schülern abgehalten, die die großen Mysterien gut durchlaufen hatten. Eingeweihte leiteten diese Schüler mit Übungen und Prüfungen an und weihten sie so in die geheime Mysterienweisheit der Götterwelt ein. Das Drama, das im Mythos von Demeter und Persephone erzählt wird, hat mit der Auffassung der alten Griechen über den Ursprung der Jahreszeiten und des Jahresrhythmus zu tun. Mit Persephones Gang im Herbst und Winter in die Unterwelt und ihrer Wiederauferstehung im Frühling und Sommer war das Thema von Tod und Wiedergeburt und der Unsterblichkeit der Seele verbunden.

Persephone-Natura in der Schule von Chartres

Im frühen Mittelalter erscheint Persephone in den Schriften der Schule von Chartres (Frankreich) als das göttliche Wesen Natura. Diese Schule war der Kathedrale von Chartres angeschlossen und erlebte ihren Höhepunkt im 11. und frühen 12. Jahrhundert. Diese Kathedralschulen waren Zentren der Wissenschaft und Vorläufer der späteren Universitäten. Die Besonderheit der Schule von Chartres bestand darin, dass hier die vorchristliche Strömung der keltischen Druiden, die naturorientiert waren, und das Christentum zu einer umfassenden Einheit verschmolzen. Wie im Folgenden deutlich werden wird, ging für die Erfahrung der Lehrer von Chartres die Verehrung der Natura mühelos mit der Verehrung der Jungfrau Maria einher (Abb. 7). Die Erziehung in der Schule basierte auf dem griechischen Modell der sieben freien Künste als Ausbildung zum freien Menschen: Dialektik, Rhetorik, Geometrie, Arithmetik, Astronomie, Grammatik und Musik.

Abb. 7. Statue der Maria mit Kind über der rechten Tür des Königsportals der Kathedrale Unserer Lieben Frau in Chartres.

Die Naturwissenschaft, wie sie von den Lehrern in Chartres gelehrt wurde, befasste sich mit den Handlungen der unermüdlich schöpferischen Göttin Natura. Naturvorgänge wie Sonnenaufgang und Sonnenuntergang waren Ereignisse im Kreis der Götter. Bernardus Silvestris, einer der einflussreichsten Lehrer von Chartres, schrieb über die allumfassende Einheit der Welt.[8] Alanus ab Insulis, ein weiterer wichtiger Lehrer von Chartres, beschreibt in seinem Buch *Über die Klage der Natur*, wie er in einer Vision erlebte, dass Erde und Kosmos durch eine Triade zu einer Einheit verbunden sind.[9] Über ihm befindet sich der göttliche Geist (‹Noys›), unter ihm die materielle Welt (‹Hyle›) und dazwischen das Wesen Natura als Weltenseele. Sie ist ein hohes und weltliches Wesen, das mit den Ideen der göttlichen Welt die irdische Materie in eine sinnvolle Schöpfung verwandelt. Im gleichen Traum von Alanus erklärt Natura ihre Stellung gegenüber dem göttlichen Geist und damit die Unterscheidung zwischen Schöpfer und Schöpfung wie folgt:

Sein Werk ist die Einheit, mein Werk ist die Vielheit. Sein Werk ist perfekt, mein Werk ist unbeständig. Sein Werk ist wundersam, mein Werk ist wandelbar. Er ist der Schöpfer meines Werkes, ich bin das Werk des Schöpfers. Er bringt die Dinge auf sein Geheiß ins Leben. Mein Werk trägt nur das Siegel der göttlichen Schöpfung.

Alanus berichtet auch, dass Natura von vier Tugendgöttinnen besucht wurde, die eine große Sorge mit ihr teilen wollten, eine Sorge über die Menschen. Die Bildnisse der göttlichen Besucherinnen befinden sich in der Kathedrale von Chartres: Prudentia (menschliche Weisheit), Fortitudo (Tapferkeit, Standhaftigkeit), Temperantia (Mäßigung, Bescheidenheit) und Justitia (Aufrichtigkeit). Die Göttinnen waren sich einig, dass der Mensch sich von der Natur abgewandt und seine innere, natürliche Moral verloren hatte. Infolgedessen könnte er die Schöpfung stören. Wie würde es der Lebensschicht der Erde in Zukunft ergehen? Davon berichtet Alanus ab Insulis in seinem späteren Buch *Anticlaudianus*, in dem er sich mit Natura über ihre Sorge unterhält.[10] Sie war von der Erkenntnis erfüllt, dass das Leben auf der Erde, insbesondere die Pflanzenwelt, nur gerettet werden kann, wenn das Handeln des Menschen von höchster Weisheit durchdrungen wäre. Sie berief daher einen himmlischen Rat mit allen Tugendwesen ein. Sie beschlossen, dass es einen neuen, göttlichen Menschen als Vorbild für die Menschheit geben solle. Aus ihrer Mitte wurde das Weisheitswesen Sophia ausgewählt, um Gott ihren Wunsch nach einem neuen Menschen zu übermitteln.

In atemberaubender Weise und mit vielen poetischen Details wird berichtet, wie Sophias himmlische Reise durch die Planetensphären vorbereitet wurde. Nach verschiedenen Begegnungen mit den Geistern der Planeten kommt sie im Palast Gottes an, um die Bitte zu überbringen. Dort wird der neue Mensch gezeugt. Gott übergab ihn an Sophia, die ihn wiederum an Natura übergab, damit er von ihr mit einem vollkommenen, sündenfreien Leib bekleidet werden konnte. Sophia und Natura begleiteten diesen neuen Menschen bis zu seiner Geburt aus der Jungfrau Maria: Jesus Christus. Wir sehen also, dass Natura bei der Geburt Christi anwesend war! Dieses Motiv taucht auch in einer keltischen Legende auf, auf die ich in Kapitel 6[11] zurückkomme.

Es ist bemerkenswert, dass Natura hier in der Schule von Chartres ausdrücklich auf das Christentum Bezug nimmt, das solche Gottheiten wie Natura, Sophia und die Tugendgöttinnen normalerweise nicht kennt. Die Lehrer der Schule von Chartres hatten noch eine gewisse Sensibilität für die übersinnliche Wirklichkeit. Sie hatten eine Erfahrung von Natura als geistigem Wesen.

Jahrhunderte vor der Entstehung der Schule von Chartres und dem Bau der Kathedrale Unserer Lieben Frau in Chartres befand sich an gleicher Stelle ein Heiligtum der keltischen Druiden. Durch ihre Hellsichtigkeit trugen diese Kelten stets das Bewusstsein von Christus als dem Wort des Anfangs in sich und verehrten die heilige Jungfrau, *die eines Tages gebären wird.* Es ist erstaunlich, wie auf demselben Hügel Jahrhunderte später der Geist der keltischen Naturreligion so sehr mit dem Christentum in der Schule von Chartres verschmelzen konnte. Bastiaan Baan schreibt in seinem Buch *Der Herr der Elemente*[12]:

> *In der Schule von Chartres gibt es vielleicht zum ersten Mal in der Geschichte eine christliche Naturerfahrung: Die Natur ist ein Wesen, das auf den erlösten Menschen wartet. Alles in der Schule von Chartres ist darauf ausgerichtet, das Christentum mit der Natur zu verbinden.*

Diese Sichtweise ist aus einem anderen Bewusstsein heraus entstanden, als wir es heute kennen. Die Lehrer dieser Schule mussten freilich erleben, dass es schon zu ihrer Zeit für die Menschen immer schwieriger wurde, der Natur als einem geistigen Wesen zu begegnen. Sie erlebten dies als einen schmerzlichen Verlust und suchten einen Weg, diese Fähigkeit in ihren Schülern durch Erziehung noch zu wecken. Steiner beschreibt, dass die Menschen in der Antike die Gegenstände und Vorgänge in der Natur noch als Offenbarungen des Göttlichen sahen.[13] Die Menschen oder vielleicht nur die Eingeweihten standen in Kontakt mit der kosmischen Intelligenz. In der Zwischenzeit, wie zur Zeit der Schule von Chartres, sahen die Menschen die Gegenstände und Vorgänge in der Natur als Bilder des Göttlichen. Dies geschah in Form von Kontakten mit Naturgeistern. Die Alchemisten zum Beispiel sagten, wenn sie mit Wasser experimentierten: *dann sprechen die Geister des Wassers zu uns.*

Die Lehrer von Chartres empfanden es als tragisch, dass der Weg über die Bilder der Naturgeister nicht mehr zu der höheren, kosmischen Intelligenz führte. Die göttliche Welt zog sich aus den Phänomenen der Natur zurück. Das gab dem Menschen Raum, ein selbständig urteilendes Wesen zu werden und ein selbstbewusstes Ich zu entwickeln. Dies führte dazu, dass wir in unserer modernen Zeit Naturvorgänge nicht mehr in Bildern erleben, sondern in chemischen oder physiologischen Termini deuten.

Rudolf Steiner über Persephone-Natura

Rudolf Steiner zeigt in seinen späteren Vorträgen 1924 große Wertschätzung für die Lehrer der Schule von Chartres, bei denen Persephone in der Gestalt des Wesens Natura eine zentrale Rolle spielte. In den früheren Vorträgen, in denen Persephone erwähnt wird, betont Steiner aber vor allem den Raub Persephones aus der Oberwelt und ihr Untertauchen in der Erde als Bild für den Verlust der traumhaften Hellsichtigkeit der Menschen im Laufe der Zeit.[14] Dieses alte Mysterienwissen hat auch heute noch Bedeutung. Deshalb hat Rudolf Steiner zunächst das altgriechische Drama um Persephone wieder ins Bewusstsein gebracht. Marie Steiner-von Sivers übersetzte das Heilige Drama von Eleusis, wie es von Edouard Schuré rekonstruiert wurde,[15] und Rudolf Steiner bearbeitete es rhythmisch.[16] Dieses Drama wurde ab 1907 mehrmals unter Steiners Regie aufgeführt, mit seiner Frau, der Schauspielerin Marie Steiner, in der Hauptrolle der Demeter.

Steiner beschäftigte sich intensiv mit der Erneuerung der Mysterien und wollte den neuen geistigen Weg, den der Mensch in unserer Zeit gehen kann, auch in Form eines Dramas dem Menschen bildhaft erfahrbar machen. War es früher die Götterwelt, die Persephone aus der Unterwelt in die Oberwelt zurückbrachte, so geht es jetzt um den modernen Menschen, der selbständig seinen Weg in die Oberwelt findet. Steiner hat diesen Weg in vier Theaterstücken dargestellt, die er zwischen 1910 und 1913 schrieb und die er Mysteriendramen nannte.[17] Fragen wie *Wer bin ich? Was erwartet das Leben von mir? In welcher Beziehung stehe ich zur Erde und zum Kosmos? Welche Verantwortung bringt es mit sich?* stehen im Mittelpunkt dieser Mysteriendramen und haben nichts von ihrer Aktualität verloren.

Auffallend ist, dass Steiner erst im letzten Jahr seines Lebens, in seiner Weihnachtsbetrachtung 1924, Persephone in ein anderes Licht rückt.[18] Er beschreibt zunächst, wie sich der Mensch im Laufe seiner Entwicklung immer mehr vom Kosmos abwendet und sich auf rein irdische Phänomene konzentriert, um aus der Selbsterfahrung heraus zu einer eigenständigen Urteilsfähigkeit zu gelangen. Die göttliche Welt hat dafür Raum geschaffen, indem sie sich zurückgezogen hat. In diesem Prozess kommt eine Zeit, in der die Verbindung zwischen Erde und Kosmos wieder möglich werden muss. Und genau in diesem Zusammenhang erörtert Rudolf Steiner, wie sich Persephone zum Christuswesen, zum Logos, verhält und was das für Erde und Natur bedeutet.

Das Christuswesen ist als göttliches Wesen auf die Erde herabgestiegen und hat sich aus Liebe mit dem Schicksal der Menschheit verbunden. Es hat den Tod auf Erden überwunden. Steiner hebt hervor, dass das Golgatha-Mysterium ein einmaliges Ereignis in der Menschheits-Entwicklung ist. Er fügt hinzu, dass Persephone eine vergleichbare Geste für die Pflanzenwelt macht. Auch sie ist als hocherhabenes Wesen auf die Erde herabgestiegen und hat sich gezielt mit der Lebensschicht der Erde und mit den Pflanzen verbunden. Sie durchläuft diesen Prozess jedoch im Jahresrhythmus, denn der Rhythmus ist das Kennzeichen des Pflanzenwachstums. Durch ihre Verbindung mit dem Pflanzenreich und ihre jährliche, rhythmische Auferstehung aus der toten Welt nimmt sie die Pflanzen mit in die Verbindung mit den kosmischen Kräften. Sie verbindet die Pflanzen mit ihren kosmischen Urbildern, d.h. mit der geistigen Essenz, die sich in einer konkreten Pflanze manifestiert. Damit befreit sie die Pflanzenwelt von dem Joch, sich aus rein irdischer Sicht entwickeln zu müssen. So hält Persephone die Pflanzenwelt in der Orientierung zwischen Kosmos und Erde, die ursprünglich den Pflanzen zukommt.

Das hat Persephone von der göttlichen Seite her getan. Es ist aber auch ein Schritt von der menschlichen Seite her notwendig. Das ist es, was das Christuswesen dem Menschen durch das Mysterium von Golgatha ermöglicht hat (siehe Kapitel 7). Der Mensch kann sich nun dazu entscheiden, nicht nur die irdischen Phänomene weiter zu betrachten, sondern auch die kosmische Seite des Pflanzenlebens zu erkennen. Dann betrachtet man die Erde nicht nur als Rohstofflieferant für Nahrungsmittel sondern sucht im Umgang mit den Pflanzen nach konkreten Maßnahmen, die die Beziehung zwischen Pflanzen und Kosmos stärken. Der Mensch ist dann ein Helfer Persephones. In den Kapiteln 3 und 9 wird dies näher erläutert.

Meine Beziehung zu Persephone

In den obigen Ausführungen haben wir Persephone in drei Gestalten in drei verschiedenen Zeiträumen gesehen: in der vorchristlichen griechischen Zeit als die Göttin, von der die Mythologie erzählt, im frühen Mittelalter in einer christianisierten Gestalt als Natura und im gegenwärtigen Michaelszeitalter als Geistwesen, das alljährlich für die Natur tut, was Christus einst für die Menschheit tat.

Zu Beginn dieses Kapitels habe ich die Frage aufgeworfen, welche Bedeutung diese antiken Beschreibungen der Götterwelt für unsere heutige Zeit haben. Und auch, mit welcher Persephone ich es in welcher Situation zu tun habe. Bei dieser Suche erkenne ich in allen drei genannten Gestalten Aspekte des Persephone-Impulses, sowohl in meinem persönlichen Leben als auch in meinem Arbeitsleben. Vor allem die Frage ‹*Was bedeutet es für mich, im Strom von Persephone zu stehen*› brachte mir unerwartete Erfahrungen, die mir halfen, die Bedeutung der biodynamischen Landwirtschaft zu verstehen. Es wurde mir auch deutlich, wie ich durch meine Arbeit Persephones Arbeit für die Natur unterstützen kann. Darum geht es in den folgenden Kapiteln.

Kapitel 3 Naturwesen als Helfer Persephones

Manchmal gehst du durch die Natur und dein Auge wird von einer bestimmten Pflanze angezogen, die dich durch ihre unnahbare Schönheit und Vollkommenheit beeindruckt. Du stellst fest, dass eine solche Pflanze dich auffordert: Sieh mich an! So erging es mir mit dieser Lanzettblättrigen Kratzdistel (Abb. 8). Was für eine stattliche Erscheinung und welch straffe Regelmäßigkeit in der Anordnung der Blätter um den Stängel! Die Pflanze lud mich ein, ihre Geste zu imitieren: stolz aufrecht stehen, die Arme ausstrecken und mit dem Finger zeigen, sich rhythmisch in alle Richtungen manifestieren! Daneben stand eine bereits blühende Pflanze, die sich dadurch auszeichnete, dass sie mit ihren aus dem Blütenkopf herausragenden Blütenstilen sozusagen eine himmlische Aura um die Blüte bildete. Was für ein Kunstwerk! Wer ist dieser Künstler?

Abb. 8. Links: Ein Bild ‹meiner› stolzen Lanzettblättrigen Kratzdistel *(Cirsium vulgare)*. Rechts: Der Blütenstand einer benachbarten Pflanze der Lanzettblättrigen Kratzdistel, der mit den aus dem Blütenkopf herausragenden Blütenstielen sozusagen eine himmlische Aura um die Blüte bildet.

Wir haben Persephone im vorigen Kapitel als ein göttliches Wesen kennengelernt, das sich um die lebendige Natur und ihre Zukunft kümmert. Sie gibt die Richtung der Entwicklung vor und verbindet die Pflanzen wieder mit ihrem Ursprung, der kosmischen Welt. Dadurch sind die Pflanzen nicht mehr dazu verdammt, sich nur aus dem Irdischen zu entwickeln. Dazu braucht sie auch die Hilfe von Menschen, die die irdische Welt wieder mit der göttlich-geistigen Welt verbunden sehen wollen, Menschen, die die Natur wieder als beseelt sehen. Mit anderen Worten, die die Natur als Ausdruck des Wirkens geistiger Wesen sehen. Die geistige Welt, insbesondere Persephone, ist also die ständige schöpferische Kraft hinter den vielfältigen Erscheinungen in der Natur.

Aber Persephone macht das nicht allein! Sie braucht in jeder Landschaft und an jedem Ort der Erde, so unterschiedlich dort das Zusammenspiel der vier Elemente auch sein mag, in jedem Fall Helfer, die Persephones Grundprinzip tatsächlich umsetzen. Das heißt: Pflanzen sollen in ihrer irdischen Erscheinung von kosmischen Kräften durchdrungen sein. Diese geistigen Helfer sind näher an der Entwicklung der einzelnen Pflanzen als Persephone selbst und versuchen, unter den gegebenen Umständen Harmonie zu schaffen. Sie sind die Naturwesen. Im Dienst von Persephone helfen sie, das Pflanzentuch in der Natur zu weben und zu gestalten. Sie tun dies aus ihrer Verbundenheit mit den vier Elementen: Erde, Wasser, Luft und Feuer/Wärme, die für das Wachstum und die Entwicklung der Pflanzen unerlässlich sind. Deshalb werden diese Wesen auch Elementarwesen genannt. Wir kennen sie noch unter verschiedenen Namen aus der Märchenwelt: Gnome und Zwerge, die mit dem Element Erde, Nymphen oder Undinen, die mit dem Element Wasser, Elfen oder Sylphen, die mit dem Element Luft/Licht und Feuer- oder Wärmewesen, die mit dem Element Feuer verbunden sind. Jeder Künstler bringt sein eigenes Erlebnis dieser Naturwesen zum Ausdruck, wie Leo Klein in Abbildung 9.

In einer Vortragsreihe über den Zusammenhang von Mensch, Elementarwesen und Kosmos schildert Rudolf Steiner anschaulich, wie die Zwerge und Nymphen an die Erdschwere gebunden sind, dass sie aber im Gegenteil dieser Erdschwere entkommen und nach oben streben wollen.[1] Bei diesem Streben nach oben drängen sie die Pflanze mit nach oben. Die Aufgabe der Elfen und Feuerwesen ist es dann, die Blüten-

Abb. 9. Die Urpflanze. Gemälde von Leo Klein.

und Samenbildung zu begleiten und nach der Blüte die verwelkenden Pflanzenformen zur Erde zu bringen. Die Zwerge bewahren diese Formkräfte im Winter als Erinnerung an das Wachstum des vergangenen Jahres auf und bieten sie im Frühjahr den neu keimenden Pflanzen an.

Als Pflanzenkenner und Phänomenologe beschreibt Dick van Romunde die unterschiedliche Gestik, die Pflanzen in ihren verschiedenen Wachstumsarten zeigen, und setzt sie in Beziehung zu den mit ihnen verbundenen Elementarwesen.[2] Unter Gestik versteht er die Gesamtheit der Gesten, die eine Pflanze durch ihre Erscheinung zeigt und die Ausdruck des Charakters, des Wesens der jeweiligen Art sind. Oben habe ich als eine wichtige Geste der Lanzettblättrigen Kratzdistel zum Beispiel den Stolz und die Eindeutigkeit beschrieben, mit der sich diese Pflanze in ihrer Umgebung positioniert. Die Lanzettblättrige Kratzdistel lockt aber auch mit ihren Blüten honigsuchende Insekten an. Ihre kräftige Blattstruktur hingegen wehrt Insekten und blattfressende Säugetiere ab. Dick van Romunde konnte so liebevoll von den verschiedenen Pflanzen und ihrer Gestik erzählen, dass man merkte, dass er selbst auch Zugang zu dieser wunderbaren Welt der Naturwesen hatte. Ausgehend von den Beschreibungen Rudolf Steiners und Dick van Romundes gebe ich im Folgenden ein etwas genaueres Bild dieser Wesen.

Das Element Erde und die Gnome

Die erste Wachstumsbewegung der Pflanzen, die Keimung des Samens, erfolgt senkrecht nach unten. Zuerst entsteht das Würzelchen und richtet sich nach dem Mittelpunkt der Erde aus. Dann treibt ein Stängel aus, der mit senkrecht nach oben gerichtetem Wachstum die Pflanze über die Erde bringt. Gnome sind die Träger dieser ersten Pflanzengestik. Sie beherrschen das Erdelement und sind daran beteiligt, Feststoffe in Wasser aufzulösen und diese mineralischen Lösungen zu den feineren Teilen der Wurzeln zu bringen.

Gnome mögen die abwärts gerichtete Schwerkraft der Erde nicht und fürchten, ihr ausgeliefert zu sein. Sie sind ständig darauf bedacht, dieser Gefahr zu entkommen. Deshalb verbinden sie sich mit den aufrichtenden, nach oben strebenden Lebenskräften der Pflanzen. Die Auflösung von Stoffen und die Zufuhr gelöster Stoffe zu den Wurzeln sind eigentlich schon der Beginn dieser Aufwärtsbewegung: vom Festen zum Wasser, vom mineralischen Zustand zum lebendigen Organismus. Dann ist es diese Abneigung der Zwerge gegen das Schwere, die die Pflanze nach oben treibt und es ihr ermöglicht, sich mit dem Licht zu verbinden. Letzteres erleben die Zwerge nicht. Aber sie ermöglichen durch ihre Tätigkeit das Leben der Pflanzen.

Die Zwerge haben nicht nur im Frühling, sondern auch im Herbst und Winter eine Aufgabe. Beim Verwelken werden die Kräfte, die den Pflanzen ihre Form gegeben haben, vom materiellen Aspekt der Pflanze her wieder freigesetzt. In der Folge zerfällt die Pflanzenmaterie. Die freigesetzten Kräfte, die die ganze Bandbreite der pflanzlichen Gesten umfassen, gelangen dann in die Erde und werden von den wachsamen Gnomen intensiv beobachtet. Sie verbringen den ganzen Winter damit, sie zu sammeln und bis zum Frühjahr zu bewahren. Diese Aufnahme der Gestaltungskräfte ist sehr wichtig für die Prozesse, die später beim Austreiben und Wachsen neuer Pflanzen erforderlich sind.

Gnome sind Geschöpfe der Vernunft, denn was sie sehen, durchschauen sie sofort. Sie verstehen oft nicht, warum die Menschen so schwierig in ihrem Denken sind, und schauen auf den Intellekt des Menschen herab. Ihr Intellekt ist universell. Gnome sind die Hüter des ‹Weltgeistes› in der Erde, die Träger der Ideen des Universums, die während der Wachstumsperiode in die Pflanzen eindringen und dazu beitragen, das Erscheinungsbild der Pflanzen zu formen. Die Verbindung mit den kosmischen Urbildern der Pflanzen hilft ihnen, nicht mit dem Irdischen zu verschmelzen.

Die Gnome kommen nicht gerne aus der Erde. Dort, wo die Pflanze in das feuchte Luftelement eintritt, ist die Domäne der Nymphen. Naturwesen lassen sich oft da beobachten, wo sich zwei Elemente treffen. Gnome leben in der feuchten Welt der Erde und kümmern sich um die Vorgänge rund um die Wurzeln; die Nymphen leben im Bereich der feuchten Luft und kümmern sich um die oberirdischen Teile der Pflanzen.

Das Wasserelement und die Nymphen

Dem festen Element der Erde steht das flüssige Element des Wassers gegenüber, das ständig fließen und sich verändern will. Dies ist das Element, in dem sich die Nymphen wohlfühlen und von dem aus sie das Pflanzenwachstum begleiten. Das kann man an der Formveränderung der aufeinanderfolgenden Blätter sehen, wenn man die Blätter einer Pflanze von unten nach oben nebeneinander legt. Die ersten Keimblätter sind in der Regel rund, dann entstehen Blätter, die länger und breiter werden, aber mit der Ausbreitung nach oben auch immer mehr eingeschnitten werden, bis sie sich schließlich spitz zusammenziehen (siehe Abb. 10). Gerade solche allmählichen Umwandlungen sind Ausdruck des Lebensprozesses in den grünen Blättern, die für das Pflanzenleben unverzichtbare Funktionen erfüllen. So saugen sie das Wasser an, das über die Wurzeln in die Pflanze gelangt ist und dann über die Blätter verdunstet. Dieser Prozess, den wir als Transpiration bezeichnen, ist in Wirklichkeit eine Umwandlung von Wasser in Wasserdampf. Außerdem nehmen die Blätter mit ihrer Blattoberfläche Gase aus der Luft auf.

Abb. 10. Die Formveränderungen der aufeinanderfolgenden Blätter der Knoblauchsrauke *(Alliaria petiolata)*, so wie sie am Stängel von unten nach oben erscheinen. Die Blätter sind kreisförmig angeordnet, beginnend oben links und im Uhrzeigersinn drehend.

In der Welt des Wassers stehen sich zwei Gesten gegenüber, die beide chemische Umwandlungen in der Pflanze unterstützen: eine nach außen in die Umwelt ausströmende Geste, und eine, die nach innen gerichtet ist. Die Nymphen sind eng mit der oberflächenvergrößernden, sich ausbreitenden Geste des Wassers verbunden. Sie leben in den beweglichen Wasser- und Wasserdampfströmen und bilden die geistige Grundlage für die biochemischen Prozesse der Pflanze. Die Nymphen zeigen eine Abneigung gegen Formstarrheit. Bei den Gnomen gibt es eine Abneigung gegen die irdische Schwerkraft, durch die sie die Pflanze nach oben treiben. Bei den Nymphen herrscht eine andere Stimmung. Sie versuchen, der Formstarrheit zu entkommen, indem sie in ständiger Formveränderung leben.

Während Zwerge eine gewisse Intelligenz besitzen, träumen Nymphen ihr Dasein. Das heißt, ihre Traumbilder sind eigentlich auch ihre eigenen Formen, in denen sich im Stängel- und Blattbereich ein ständiges Zusammenfügen und Zerlegen von Substanzen vollzieht. Steiner nennt sie die *kosmischen Chemiker.* Wo Wasser und Luft in Berührung kommen, dort wirken die träumenden Nymphen. So erleben Nymphen ein inneres Wohlbefinden, wenn sie überall an die Oberfläche gelangen können, also dort, wo Regentropfen auf einem Blatt in der Sonne glitzern oder wo Wasser an einem Wasserfall in die Luft steigt.

Das Luftelement und die Elfen

In der lichtdurchfluteten Welt der Luft leben die Elfen, auch Sylphen genannt. Alle Gase des Luftelements neigen von Natur aus dazu, sich im Universum auszubreiten, sie suchen die Höhe und die Peripherie. Dort fühlen sich die Elfen zu Hause. Sie haben keine Abneigung gegen das Irdische, wie die Gnome und Nymphen, sondern sind von einer Sehnsucht geprägt. Sie sehnen sich nach der Vogelwelt und haben eine tiefe Sympathie für deren Lust in die Höhe zu steigen. Die Elfen lieben die Vögel und würden am liebsten zu Vögeln werden, aber ihre Aufgabe ist es, das Licht in die Pflanze zu tragen. Elfen sind einerseits in der Lage, sich durch ihre starke Sympathie innerlich mit den kosmischen, idealistischen Pflanzenformen zu verbinden. Andererseits können sie die irdische Materie des Minerals auf eine höhere Ebene heben. Sie können dies tun, indem sie die Licht durchstrahlte Luft so bearbeiten, dass sie das dichtere Wasser durchdringt. So kann der Prozess der Photosynthese stattfinden.

So wie die Nymphen die *Chemiker* für die Pflanze sind, sind die Elfen die *Lichtträger* für die Pflanze. Sie tragen das Licht in die Pflanze. Das Licht wirkt auf die chemischen Kräfte und so entsteht ein Zusammenspiel von Elfenlicht und Nymphenchemie. Wenn die Nymphen ihre Arbeit getan haben, indem sie die Stoffe nach oben strömen lassen, weben die Elfen mit Kräften aus der Welt des Lichts eine idealisierte Pflanzenform in sie hinein. Eigentlich sind es die Elfen, die die ‹Urpflanze› einweben. Und genau diese Kräfte sind es, die im Herbst, wenn die Pflanze verwelkt, freigesetzt werden und die die Elfen gleichsam auf die Erde herabtropfen lassen. Dieses freiwerdende und abwärts tropfende Kräftespiel der Pflanzenformen wird, wie oben beschrieben, von den Zwergen beobachtet. Sie nehmen die kosmischen Ideen, die den Pflanzenformen zugrunde liegen, auf und bewahren sie bis zum Frühling.

Das Feuerelement und die Feuerwesen

Die Feuerwesen sind die Träger der Wärme hin zur blühenden Pflanze. Der Übergang von den grünen Stängelblättern zu den Blütenblättern offenbart ‹revolutionäre› Veränderungen, sowohl hinsichtlich des Spiels der Formen als auch hinsichtlich der Substanzen. Die gesamte Gestik der Bildung von Blüten, Pollen und Samen ist Ausdruck einer intensiven Verbindung mit der Wärme. Steiner nennt die Pollen die *Luftschifflein* für die Wärmewesen, um die Wärme zum Samen der Pflanze zu tragen. Wenn sich die Elfen mit den Vögeln identifizieren, fühlen sich die Wärmewesen mit den Schmetterlingen und der gesamten Insektenwelt verwandt. Die Wärmewesen folgen gerne den von den Insekten gezogenen Linien, indem sie von Pflanze zu Pflanze fliegen.

Steiner beschreibt, dass der Prozess der Bestäubung, der Samen- und Fruchtbildung aus geistiger Sicht als die Bildung des männlichen himmlischen Samens gedacht werden kann. Die eigentliche Befruchtung findet erst im Mutterschoß der Erde statt. Gerade im Herbst und Winter bildet die Erde das Mutterprinzip, in dem die geistige Befruchtung stattfinden kann. Dies geschieht durch die Verbindung des Pflanzensamens mit dem, was die Elfen im Herbst an idealen, kosmischen Gestaltungskräften von den verwelkenden Pflanzenteilen herabgetropft haben. Die Zwerge, die die Urbilder empfangen und bewahren, können dann als die geistigen Hebammen für die Reproduktion der Pflanzen angesehen werden.

Wer lenkt die Elementarwesen?

Ohne die liebevolle schöpferische Kraft der Elementarwesen und ihr Wirken in all diesen Lebensprozessen in der Pflanze wachsen keine Pflanzen! Es ist daher merkwürdig, dass wir uns kaum fragen, wie es möglich ist, dass Pflanzen wachsen und dass aus einem rotbraunen, runden Samen ein Blumenkohl und aus einem anderen, ebenso runden, rotbraunen Samen ein Grünkohl entsteht. Wie kommt es, dass ein Löwenzahn unter einer Hecke anders wächst als auf einer besonnten Wiese? Bei einem Gebäude wissen wir, dass ein Architekt dahintersteckt, der die Baupläne an einen Bauunternehmer weitergegeben hat. Dieser benötigt aber nicht nur Baumaterialien, sondern er braucht für die Ausführung Handwerker wie Zimmerleute, Maurer und Installateure. Beim Pflanzenwachstum ist es nicht anders. Die Naturwesen sind die Bauarbeiter, die alle aus den vier Elementen als dem ‹Material› arbeiten. Sie sind fleißige Arbeiter, die damit beschäftigt sind, das Pflanzenwachstum abzustimmen und auszubalancieren, und sind somit entscheidend für die Widerstandsfähigkeit der Natur. Und um in diesem Bild zu bleiben, wer lenkt denn diese Arbeiter?

Rudolf Steiner beschreibt aus seinen geisteswissenschaftlichen Erkenntnissen heraus, dass diese Naturwesen selbst keine Moral haben. Sie haben kein Selbst und dienen lediglich höheren Wesen.[3] Er weist darauf hin, dass es einen Zusammenhang zwischen höheren Wesen der dritten Hierarchie, also der Welt der Engel, Erzengel und Archai, und den Naturwesen als deren Diener gibt.[4] Ich vermute, dass Persephone zu dieser dritten Hierarchie gehört. Bernard Lievegoed beschreibt in seinem Buch über die antiken Mysterien, dass die bekannten griechischen Götter als Erzengelwesen der dritten Hierarchie betrachtet werden können, die den Menschen viel näher stehen als die Wesen der zweiten und ersten Hierarchie.[5] Schauen Sie nur, wie die griechischen Götter in der Mythologie mit menschlichen, allzu menschlichen Zügen beschrieben werden! Ein charakteristisches Merkmal der Erzengel ist, dass sie eine ganze Gruppe von Menschen umfassen, also mehr, als es Engel tun können, die einzelnen Menschen nahe stehen. In der Geschichte von Persephone begegnet mir eine solche individuelle Beziehung nicht. Ihre Aufgabe als Hüterin der Lebensschicht der Erde ist umfassender, und ich habe den Eindruck, dass es mehrere Menschen gibt, die sich von Persephone inspiriert fühlen, zum Beispiel diejenigen, die sich mit biodynamischer Landwirtschaft oder der Natur beschäftigen. Daher kann ich mir gut vorstellen, dass Persephone nicht die Qualität eines Engels, sondern die eines Erzengels hat. Mit dieser Qualität gibt sie den Naturwesen als ihren Dienern geistige Führung und Anleitung beim Weben des Pflanzentuches der Erde in Verbindung mit den kosmischen Kräften von Sonne, Mond, Sternen und Planeten. Persephone wiederum steht in Kontakt mit höheren Wesenheiten und schließlich mit dem Christuswesen (siehe Kapitel 6).

Joop van Dam beschreibt in einem Artikel im Jahr 1988, dass in den Aufzeichnungen Steiners deutlich wird, *dass Persephone auf die Erde kam, um die Elementarwesen von der Macht Ahrimans zu befreien und sie in den Dienst höherer geistiger Kräfte zu führen.*[6] Van Dam erörtert auch, welche Rolle der Mensch dabei als Persephones Helfer spielen kann. Er spricht von vier Kategorien von Elementarwesen, die in der Entwicklung der Erde und ihrer Verdichtung entstanden sind. Sie haben sozusagen ein Opfer gebracht, indem sie sich in dieser Materialisierung der Erde binden ließen, damit eine Verbindung mit der geistigen Welt weiterhin gegeben ist. Die Elementarwesen, von denen Joop van Dam schreibt, sind nicht alle identisch mit den Elementarwesen (Naturwesen), von denen ich in diesem Kapitel erzählt habe, mit Ausnahme derjenigen aus der ersten von ihm genannten Kategorie. Es handelt sich um Elementarwesen, die der Erde, dem Wasser, der Luft und der Wärme zugeordnet und mit der Verdichtung der Erde im Raum verbunden sind.

Eine zweite Kategorie von Elementarwesen hat sich mit der Verdichtung in der Zeit verbunden. Sie ließen sich in die Dunkelheit der Nacht verbannen und schufen einen Tag- und Nachtrhythmus. Eine nächste Kategorie von Elementarwesen verband sich mit der Dunkelheit des Mondes und ermöglichte einen Mondrhythmus, und eine vierte Kategorie verband sich mit dem Jahresrhythmus. Steiner weist darauf hin, dass diese Wesen nicht für immer verbannt sind, sondern auf die Erlösung durch den Menschen warten.[7] Joop van Dam beschreibt, welche Seelenqualitäten der Mensch entwickeln kann, um diese Wesen aus ihrer Verbannung zu befreien, und nennt den Menschen dann *Helfer der Persephone.*

Naturwesen im Kontakt mit dem Menschen

Auch wenn es in den 1960er und 1980er Jahren einige Berichte von Menschen über eigene Erfahrungen mit Naturwesen gab, wie z. B. von Frits Julius[8] und Dick van Romunde[9], so ist erst in den letzten 20 Jahren eine erneute Aufmerksamkeit für diese Wesen zu bemerken. Es erscheinen viele Bücher von Menschen, die die Gegenwart der Naturwesen tatsächlich erleben und mit ihnen interagieren.[10] Diese Menschen waren in der Lage, mit den höher entwickelten Wesen unter den Naturwesen zu kommunizieren, jeder auf seine eigene Weise. Was wir aus diesen Gesprächen verstehen, ist, dass diese Naturwesen, besonders in diesen Zeiten, zunehmend die Zusammenarbeit mit den Menschen suchen und sich von ihnen führen lassen wollen. Sie wollen von den Menschen lernen. So beschreibt die Kanadierin Tanis Helliwell in ihrem Buch *Summer with the Leprechauns,* wie sie während eines Retreats in Irland in eine für sie unerwartete Beziehung zu einem ‹Leprechaun› (so werden in der irischen Folklore Zwerge oder Gnome genannt) kam.[11] Schon als Kind hatte sie Erfahrungen mit Naturwesen gemacht, aber bis zu ihrem Aufenthalt in einem irischen Cottage hatte sie nichts damit zu tun.

> *Als sie das Haus betritt, hat sie das Gefühl, von vielen Augen angestarrt zu werden, und so lernt sie die Familie der Leprechauns kennen, die dort seit Jahrhunderten lebt. Nur der Älteste kann mit Menschen wie ihr kommunizieren. Während ihres Sommeraufenthalts kommt es zu einem gegenseitigen Kennenlernen. Der Leprechaun gibt an, dass es seine Aufgabe ist, von den Menschen zu lernen. Er will von ihrem freien Willen lernen, den sie als Geschöpfe der Natur nicht kennen, der aber notwendig ist, um nicht nur Ausführender, sondern auch unabhängiger Schöpfer zu sein. Er ist aber auch fasziniert von der Liebe der Menschen zueinander und ihrem Verantwortungsbewusstsein. Menschen haben die Fähigkeit, sich in ihrem Handeln von Verantwortungsbewusstsein leiten zu lassen.*

Sie können sich konzentrieren und eine Richtung beibehalten, während Naturwesen ihre Aufmerksamkeit nicht lange auf eine Sache richten können. Er seinerseits ist bereit, Tanis die Sicht der Leprechauns auf die Welt zu vermitteln. Er lehrt sie, dass Dankbarkeit, Wertschätzung und Freude seitens der Menschen ihnen als Naturwesen hilft und Kraft gibt. Denn viele Naturwesen haben aufgrund schlechter Erfahrungen in der Vergangenheit, wie zum Beispiel der Vernachlässigung, Angst vor den Menschen. Wieder zurück in Kanada konnte Tanis noch immer Kontakt zu diesem Leprechaun halten.

Das Bedürfnis, von den Menschen zu lernen und mit ihnen in Kontakt zu treten, hängt damit zusammen, dass sich Geistwesen weiterentwickeln und neue Aufgaben erhalten können. Zum Beispiel bereiten sich Engel und Erzengel auf ihre neue Aufgabe auf der Ebene der zweiten Hierarchie vor. Dies schafft Raum und die Notwendigkeit für den Menschen, der der Kategorie unterhalb der Engel und Erzengel angehört, langfristig die Führung der Naturwesen in Freiheit zu übernehmen. Der Mensch muss sich also in der heutigen Zeit darauf vorbereiten, die Aufgabe der Erzengel und Engel zu übernehmen. Wir sollten an einen Zeitraum von mehr als 1000 Jahren denken.[12]

Zusammenarbeit mit den Naturwesen

Vielerorts, zum Beispiel in der biologischen Landwirtschaft, streben die Menschen danach, die Natur nicht auszuschalten, sondern mit ihr zusammenzuarbeiten. Vor dem Hintergrund einer Anschauung, die von einer belebten Natur ausgeht, bekommt dies eine ganz besondere Bedeutung, weil es dann auch bedeutet, mit den Naturwesen zusammenzuarbeiten. Wenn wir als Menschheit in der heutigen Zeit aufgefordert sind, zu lernen, die Naturwesen moralisch zu leiten, dann stellen sich für mich zwei neue Fragen: Wie können wir lernen, mit den Naturwesen in Kontakt zu treten, und wie können wir mit ihnen zusammenarbeiten? Aus der Erfahrung von Frits Julius und vielen anderen, die bereits Schritte in diese Richtung unternommen haben, lassen sich einige Antworten geben.[13]

1. Erkennen, dass sie da sind und dass es ohne ihre treue Arbeit kein Leben auf der Erde gibt!
2. Den Pflanzen unseren aufmerksamen, liebevollen Blick schenken, denn das nährt die Naturwesen. Sie sind sensibel und dankbar für Herzenswärme! Auch wenn man sie nicht sieht, kann man ihre Arbeit sehen, z.B. die sich im Laufe des Jahres verändernden Pflanzenformen. Sie fühlen sich dann in ihrer fleißigen Arbeit gesehen und anerkannt.
3. Es ist durchaus möglich, ein fruchtbares Zusammenspiel mit den Naturwesen aufzubauen, auch wenn man sie nicht oder nur selten sieht. Mit anderen Sinnen kann man sie jedoch wahrnehmen (siehe Kapitel 9).

Manchmal stellt sich die Frage, ob die Naturwesen nur in der wilden Natur oder auch in der vom Menschen gesteuerten Landwirtschaft wirken. Aus vielen Erfahrungen können wir sagen, dass Naturwesen überall dort vorkommen, wo es Pflanzenleben gibt, also auch in der Landwirtschaft. Mit Gruppen von biodynamischen Landwirten untersuche ich, wie eine solche Zusammenarbeit mit den Naturwesen im bäuerlichen Alltag praktisch aussehen kann. Wie kann man lernen, sich so mit der schöpferischen Welt gemeinsam zu bewegen, dass man die Bedingungen für eine solche Zusammenarbeit schaffen kann? Wie kann man meditativ auf das hören, was auf dem Hof oder auf einem bestimmten Feld ‹gewollt› ist? Gemeinsame Übungen dazu sind immer eine ganz besondere Erfahrung, auf die ich im Kapitel 9 eingehen werde.

Naturwesen und der Landwirtschaftlicher Kurs

Aus der spirituellen Persepktive der Anthroposophie erkennt die biodynamische Landwirtschaft, dass es eine nicht sichtbare Welt gibt, die auf die sichtbare, greifbare Welt der Natur einwirkt. Als Rudolf Steiner im Juni 1924 eine Vortragsreihe für Landwirte hielt, den sogenannten Landwirtschaftlichen Kurs, erwarteten viele, dass er auch über die Naturwesen sprechen würde, aber das tat er kaum. Tatsächlich hatte er bereits ein halbes Jahr zuvor, im Oktober/November 1923, eine Vortragsreihe über die Naturwesen gehalten, die wohl von vielen Teilnehmern des Landwirtschaftlichen Kurses besucht wurde.[14] Dennoch beschreibt Rudolf Steiner im fünften Vortrag des Landwirtschaftlichen Kurses etwas über die Naturwesen, wenn er das Schafgarbenpräparat, eines der Kompostpräparate, bespricht:

> *Diese Schafgarbe stellt sich in der Natur so dar, als wenn irgendwelcher Pflanzenschöpfer bei dieser Scharfgarbe ein Modell gehabt hätte, um den Schwefel in der richtigen Weise zu den anderen Pflanzensubstanzen in ein richtiges Verhältnis zu bringen. Man möchte sagen: Bei keiner anderen Pflanze bringen es die Naturwesen zu einer solchen Vollendung, den Schwefel zu verwenden, wie bei der Schafgarbe.*[15]

Und es gibt einen weiteren, wenn auch indirekten Hinweis auf die Naturwesen im Landwirtschaftlichen Kurs. In *Der Mensch als Zusammenklang des schaffenden, bildenden und gestaltenden Weltenwortes* beschreibt Rudolf Steiner, dass die Gnome die wachsenden Pflanzen nach oben schieben und die Sylphen die Pflanzen aus der Atmosphäre aus dem Boden ziehen. Mit den gleichen Worten beschreibt er im vierten Vortrag des Landwirtschaftlichen Kurses die Wirkung der beiden Feldpräparate, des Hornmistpräparats und des Hornkieselpräparats:

> *[…] dann würden Sie sehen, wie der Kuhhornmist von unten heraufstößt, das andere von oben zieht, weder zu schwach noch zu stark zieht. […].*

Im letzteren Aspekt, weder zu schwach noch zu stark, erkenne ich die harmonisierende Wirkung der Präparate auf die Pflanzenentwicklung, wie ich sie in meiner Salatforschung gesehen habe und über die ich im nächsten Kapitel berichte. Zum Beispiel kann man sich vorstellen, dass das Hornmistpräparat den Gnomen und Nymphen in der Phase der frühen Pflanzenentwicklung, in der zunächst irdische Minerale und Wasser ins Spiel kommen, die Richtung vorgibt. Und dann gibt das Hornkieselpräparat den Elfen und Feuerwesen in der Phase der Fruchtbildung und Reifung die Richtung vor. Dann sind die Elemente Licht und Wärme am Werk.

Kapitel 4 Die biodynamischen Feldpräparate im Licht von Persephone

Seit Persephone stärker in meinem Bewusstsein lebte, war meine große Frage: Und jetzt? Was bedeutet es für mich, in meinem Leben oder in meiner Arbeit, im Strom von Persephone zu sein? Unerwartet bekomme ich im Frühjahr 2019 eine weitere Hilfestellung. Ich wurde gebeten, einen Kurs darüber zu halten, wie ich die goetheanistische Methode[1] in meiner Forschungsarbeit anwende. Ich beschloss, meine frühere Präparateforschung als Beispiel wieder aus dem Regal zu nehmen. In meinen ersten zehn Jahren am Louis Bolk Institut habe ich viel über die Wirkung der beiden biodynamischen Feldpräparate[2] geforscht. Dabei entdeckte ich, dass die Wirkung der Feldpräparate auf die Pflanze vom Kontext abhängt, in dem die Pflanze wächst: manchmal stimulieren die Präparate das Wachstum und manchmal hemmen sie das Wachstum[3]. Die Präparate wirken also wie eine Art homöopathische Medizin, um das Wachstum und die Entwicklung der Pflanzen zu harmonisieren.

Zu dieser Zeit habe ich die Präparate überhaupt nicht mit Persephone in Verbindung gebracht. Aber als ich meinen Kurs über Phänomenologie vorbereitete, 33 Jahre nach dem Abschluss dieser Forschung, habe ich mich auch wieder mit der Art und Weise beschäftigt, wie die Präparate hergestellt werden. Dabei berührte es mich innerlich, dass das eine Präparat im Winter und das andere im Sommer in der Erde vergraben wird. Das brachte mich auf die Spur, durch die ich zu meiner großen Freude entdeckte, dass die biodynamische Feldpräparate in erster Linie Instrumente von Persephone sind! Ich werde dies in diesem Kapitel näher erläutern. Zuerst möchte ich die Herstellungsmethode dieser Präparate beschreiben, wie sie von Rudolf Steiner in seinem Landwirtschaftlichen Kurs 1924[4] gegeben wurde (siehe auch Manfred Klett[5]). Dann erzähle ich von meiner Präparateforschung und schließlich, wie meine Entdeckung der Verbindung zwischen den Feldpräparaten und Persephones Mission mein Verständnis der Präparate vertieft hat.

Präparateherstellung ist Arbeit mit jahreszeitlichen Kräften

Neben verschiedenen Kompostpräparaten hat Rudolf Steiner im Landwirtschaftlichen Kurs zwei Feldpräparate eingeführt: das Hornmistpräparat und das Hornkieselpräparat. Die Herstellungsprozesse dieser beiden Feldpräparate sind polar entgegengesetzt zueinander (siehe Abb. 11).

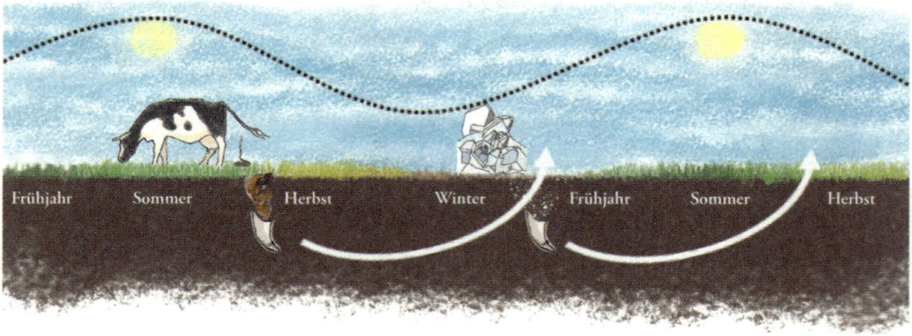

Abb. 11. Zeitlicher Ablauf der Herstellung der biodynamischen Feldpräparate. Hornmistpräparat: Herstellung und Vergraben im Frühherbst; Ausgraben im Frühjahr. Hornkieselpräparat: Herstellung und Vergraben im Frühjahr und Ausgraben im Herbst.

Für das Hornmistpräparat werden die Kuhhörner mit frischem Spätsommermist gefüllt, der Ende September von der Weide geholt wird. Die Hörner von Kühen werden verwendet, weil sie eine eher nach innen gerichtete, stoffwechselorientierte Wahrnehmungsfunktion haben (siehe Abb. 12). Das Geweih eines Hirsches hat dagegen eher eine nach außen gerichtete Antennenfunktion. Und gerade die nach innen gerichtete Qualität des Kuhhorns wird benötigt, um den Mist bzw. den Kiesel bei der Herstellung im Boden mit den umgebenden, entgegengesetzten Kräften der jeweiligen Jahreszeit zu durchdringen. Für den Mist ist dies der Winter, für den Kiesel der Sommer.

Kuhmist ist ein Stoffwechselprodukt und hat daher eine Sommerqualität. Schließlich ist das Gras im Frühjahr und Sommer durch einen intensiven Stoffwechselprozess gewachsen. In ihm werden unter dem Einfluss von Licht und Wärme in einem chemisch-physiologischen Prozess

Abb. 12. In der biodynamischen Landwirtschaft werden die Kühe nicht enthornt.

irdische Mineralien und Wasser in Pflanzenmaterial und Pflanzenformen umgewandelt. Dieses erste Stoffwechselprodukt, das Gras, wird während des Wiederkäuens und der Verdauung in den vier Mägen der Kuh weiter in Nahrung für das Tier umgebildet. Die Kuh braucht das nicht alles selbst und ist eigentlich ein besonderes schenkendes Tier. Das faserreiche Gras wird von den Kühen verdaut, aber der Mist, den sie ausscheiden, ist noch voller Leben. Im Zuge dieses intensiven zweiten Stoffwechselprozesses wird das Pflanzenmaterial, das in Form von Mist ausgeschieden wird, mit tierischen Gestaltungskräften durchzogen. Dadurch wird das Pflanzenmaterial auf eine höhere Ebene gehoben. Menschliche Ausscheidungen haben diese besondere, lebensspendende Qualität nicht, weil sie sehr tot sind. Das liegt daran, dass der Mensch die lebensspendenden und formenden Kräfte in seiner Nahrung selbst für sein Denken benötigt.

Die Hörner werden in der Regel um das Michaelsfest, also um den 29. September, mit diesem Sommerdünger gefüllt und auf dem Hof in der Erde vergraben. Dort bleiben sie den Winter über. Zu Ostern werden sie wieder ausgegraben, und der Inhalt, der nun schön vergoren und trocken ist, wird aus den Hörnern geholt und bis zur Verwendung aufbewahrt.

Kurz vor der Verwendung muss dieses Präparat in Wasser verdünnt eine

Stunde lang gerührt werden. Dabei rührt man rhythmisch abwechselnd eine Minute lang nach links, bis sich ein schöner Wirbeltrichter bildet, und dann eine Minute lang nach rechts (siehe Abb. 13). Durch dieses Rühren werden die Kräfte des Präparats freigesetzt und auf das Wasser übertragen, das dann kurz nach der Einsaat oder der Bepflanzung über die Felder gespritzt wird. Wenn es möglich ist, gehen mehrere Personen gleichzeitig nebeneinander über den Acker oder die Weide, um das Präparat mit einer Kehrschaufel und einem mit dem gerührten Präparatewasser gefüllten Eimer mit einer ‹segnenden Geste› über das Land zu verteilen. Bei größeren Flächen wird das Präparat maschinell unter niedrigem Druck ausgebracht. Was sind nun die Kräfte, die so auf das Land gebracht werden? Es sind die Sommerkräfte des Mistes, die aber im Winterboden vergraben, mit Winterkräften durchdrungen sind.

Abb. 13. Der Rührvorgang von Feldpräparaten auf einem biodynamischen Hof.

Der Herstellungsprozess des Hornkieselpräparats ist genau umgekehrt. Dazu wird gerade im Frühjahr, um Ostern herum, Bergkristall zu Pulver gemahlen, um die Hörner damit zu füllen (siehe Abb. 14). Am Bergkristall mit seiner harten, kristallinen, transparenten Struktur kann man eine winterliche Qualität erleben. Die damit gefüllten Hörner werden im Frühjahr und Sommer im Boden vergraben und beim Herbstfest wieder ausgegraben. Wie beim Hornmistpräparat wird der Inhalt aus den Hörnern herausgeklopft und in einem Fass mit Wasser eine Stunde lang rhythmisch umgerührt, bevor er über die reifenden Pflanzen gesprüht wird.

Doppelte Polarität

Bei der Herstellung der beiden Feldpräparate entsteht eine doppelte Polarität. Zunächst in jedem Präparat einzeln: die Winterkräfte durchdringen das Sommermaterial (Kuhdung) beim Hornmistpräparat, während beim Hornkieselpräparat die Sommerkräfte in das Wintermaterial (Bergkristall) durchdringen. So haben die beiden Feldpräparate aufgrund der spezifischen Qualität ihrer Substanzen und der Jahreszeit der Herstellung eine Polarität in sich.

Die beiden Feldpräparate sind aber auch die Polarität des jeweils anderen und werden daher in unterschiedlichen Phasen des Pflanzenwachstums eingesetzt. Das Hornmistpräparat wird bei der Aussaat oder Pflanzung eingesetzt. Es hat mit dem sommerlichen Mist seinen Ansatzpunkt in der ersten Wachstumsphase, vermittelt aber gleichzeitig einen Herbst-Winter-Impuls. Es unterstützt den Prozess der Keimung und Verankerung im Boden durch die Wurzelbildung und treibt das erste Stängelwachstum an die Erdoberfläche. Aber ohne dass das Pflanzenwachstum durch einen starken Frühlingsimpuls den Bezug zum Urbild verliert! Und umgekehrt hat das Hornkieselpräparat mit seiner Wintersubstanz seinen Ansatzpunkt in der Reifephase einer Kultur, wenn die feineren Formen und Substanzen in der Pflanze gebildet werden. Gleichzeitig ist dieses Präparat aber auch mit einem Frühjahrs-Sommer-Impuls versehen, der das Wachstum anregt und damit verhindert, dass eine Pflanze vorzeitig in Reifeprozesse übergeht (Notreife).

Abb. 14. Links: Herstellung des Hornmistpräparats (Befüllen der Hörner mit frischem Kuhmist) und rechts: Herstellung des Hornkiespräparats (Zerschlagen von Bergkristall).

Die Wirkung von Feldpräparaten auf ein Gewächs

Es bleibt für jeden biodynamischen Landwirt eine herausfordernde Frage, wie sich dieser Prozess der Durchdringung jahreszeitlicher Qualitäten auf die Pflanze und damit auf die Ernte auswirkt. Ich habe dieses Thema Mitte der 1980er Jahre aufgegriffen, als ich gerade am Louis Bolk Institut anfing. Damals gab es eine Frage unter den Bauern: Warum sind die Präparate in der biodynamischen Landwirtschaft obligatorisch, wenn wir nicht sehen, wie sie wirken? Wirken sie überhaupt, wenn wir nicht verstehen, wofür sie da sind? Mein erster Gedanke war: Dann schauen wir vielleicht nicht richtig hin.

Die Frage der Landwirte hat mich tief berührt. Es kann doch nicht sein, dass diese Präparate bereits veraltet sind und keine Wirkung mehr haben, oder? Damals hatte ich mich gerade von einem schweren Burnout erholt und musste lernen, mich nicht durch meine zu hohen Idealen zu stark zu verausgaben, sondern diese Ideale als einen Punkt am Horizont zu sehen. Ich musste aufpassen und Geduld haben für den Weg, der zu den Idealen führt, d. h. für den Prozess. Das ist auch der Grund, warum mich die Frage der Landwirte so beeindruckte: Sollten wir nicht viel mehr auf die Entwicklung der Pflanzen schauen, d. h. auf den Entwicklungsprozess, und nicht nur auf das Endprodukt? Letzteres geschah bis dahin vor allem in der Forschung über die Wirkung der Präparate, und das sorgte für Verwirrung. Denn manchmal war der Ertrag bei der Anwendung eines Präparats höher und manchmal etwas niedriger, und manchmal gab es keinen offensichtlichen Unterschied im Gewicht des Endprodukts.[6] Ich verstand, dass wir die Dinge anders betrachten müssen. Es geht nicht unbedingt um die Quantität der Ernte, d. h. das Endergebnis in Kilogramm, sondern vielmehr um die Qualität des Prozesses.

Deshalb habe ich mich entschlossen, den gesamten Entwicklungsprozess eines Gewächses durch wöchentliche Beobachtung zu verfolgen, und habe dafür den Kopfsalat ausgesucht. Da Salat so schnell wächst, habe ich auch die Phase der Blüte und der Samenbildung einbezogen, die man normalerweise nicht zu sehen bekommt, weil der Salatkopf schon vorher geerntet wurde. Im erntefähigen Produkt sind jedoch der Salatkopf, die Blüte und die Samenbildung bereits als Potenzial enthalten. Ich habe die ersten Feldversuche auf dem biodynamischen Betrieb *Kraaijbeekerhof* in Driebergen (NL) durchgeführt und dabei Salat mit und ohne Folienabdeckung im Frühjahr auf Feldern mit und ohne Präparatbehandlung verglichen. Später haben wir die Versuche in verschiedenen Jahren im Gewächshaus auf dem biodynamischen Gartenbaubetrieb De Vijfsprong in Vorden (NL) durchgeführt.

Es gab Unterschiede zwischen den mit und ohne Präparat behandelten Feldern, aber diese Unterschiede waren nicht von Jahr zu Jahr konstant und abhängig von der Witterung. Die Tendenz war, dass Salate mit Präparaten in einem fruchtbaren Frühjahr einen kontrollierten Start hatten. Diese Pflanzen wuchsen seltener ‹aus den Fugen› und konnten ihre Entwicklung bis zur Blüte und Samenbildung abschließen. Manchmal war das verhaltene Wachstum vor allem in der ersten Rosettenphase sichtbar, aber das Wachstum in der Kopfbildungsphase war tatsächlich intensiver als bei Salaten ohne Präparate. In einigen Jahren unterschied sich das Kopfgewicht zum Zeitpunkt der Ernte kaum zwischen den beiden Sorten.

Der Weg dorthin war jedoch unterschiedlich. Beim unbehandelten Salat sahen wir, dass er aus dem Boden schoss, vor allem unter Plastikfolie. Auf diesen Feldern sahen wir oft, dass die Pflanzen, die wir nicht geerntet hatten, auch nach der Erntezeit fast ungebremst weiterwuchsen. Dies führte dazu, dass die Köpfe anschwollen und oft verfaulten. Bei Kopfsalat muss der Blütenstand den geschlossenen Kopf durchstoßen, um sich zu entfalten. Das funktionierte bei diesen Pflanzen oft nicht. Bei den Pflanzen, die nicht verfaulten und bei denen der Blütenstand erschien, fand die Blüte immer noch nicht richtig statt und der Blütenstand verfaulte weitgehend vor der Samenbildung. Wir hatten ein Jahr, in dem der Unterschied überdeutlich war: 77 % Fäulnis während der Blüte bei den unbehandelten Pflanzen gegenüber nur 13 %, wenn Präparate verwendet worden waren[7] (siehe Abb. 15A und 15B).

Abb. 15A. Beispiel für eine Entwicklungsfolge von Kopfsalat im zeitigen Frühjahr, zunächst wöchentlich gezeichnet, nach dem Stadium der Erntereife (Pflanze 9–10) in größeren Abständen. Keine Präparatebehandlung. Diese Serie zeigt eine schnelle Anfangsentwicklung. Die Kopfbildung setzt später ein als in der Serie von Abb. 15B. Viele Pflanzen verfaulen während des Schießens. Die übrigen Pflanzen blühen spät und sind stark verpilzt. (De Vijfsprong, Vorden, NL, 1989.)

Abb. 15B. Diese Reihe Kopfsalat, behandelt mit Feldpräparaten, wurde gleichzeitig mit der Serie in Abb. 15A und auf demselben Boden angebaut. Die Pfeile zeigen die Zeitpunkte der Anwendung der Feldpräparate (HM = Hornmistpräparat; HK = Hornkieselpräparat). Die Anfangsentwicklung wird zurückgehalten. Relativ frühe Kopfbildung. Wenige Pflanzen verfaulen während des Schießens. Wenig Pilzbefall während der Blüte. (De Vijfsprong, Vorden, NL, 1989.)

Aber in einem kalten Frühjahr mit schleppendem Wachstum war die Wirkung der Präparate gegenteiligl und das Wachstum wurde im Vergleich zu den unbehandelten Feldern sogar stimuliert. Dann sahen wir auf den unbehandelten Feldern, dass der Salat aufgrund der Kälte und Nässe im Wachstum stockte und sogar etwas gelb wurde. Auf den mit Präparaten behandelten Feldern wurden die Salatpflanzen früher grün und das Wachstum setzte früher ein. Der junge Salat dreht sich dann fröhlich mit den Blättern nach oben, was Gemüsegärtner als Zeichen für ein gutes Wachstum der Salatpflanze werten.

Forschung mit Steigbildern

Sowohl das ungezügelte Wachstum ohne Behandlung mit Präparaten als auch das verhaltenere und ausgeglichenere Wachstum mit Präparaten findet sich auch in der Forschung mit Steigbildern. Mittels einer Art Papierchromatographie, bei der zuerst Salzlösung und dann Pflanzensaft in ein Papier gesaugt wird, können die Formkräfte, die im Wachstumsprozess der Pflanzen wirkten, sichtbar gemacht werden.[8] Die aus vergleichenden Studien gewonnenen Bilder zeigen Unterschiede, die etwas über die Eigenschaften von Pflanzen aussagen, die ohne und die mit Präparaten aufgezogen wurden. In Abb. 16A, ohne Präparate, sieht man aufsteigende Bilder von Kopfsalatpflanzen: üppige, unregelmäßig geformte Fächer. In Abb. 16B, mit Präparaten: gleichmäßigere, dreidimensionale Formen, die auf mehr Vitalität und Formkraft hinweisen.[9]

Die Unterschiede zeigten sich auch bei den Inhaltsstoffen. Bei zu schnellem Wachstum sahen wir einen höheren Nitratgehalt und einen geringeren Gehalt an Trockenmasse, d. h. ein wässrigeres Produkt mit geringerer Haltbarkeit. Bei verhaltenem Wachstum, d. h. bei Pflanzen, die im Frühjahr mit Präparaten behandelt wurden, sahen wir einen niedrigeren Nitratgehalt, einen höheren Zucker- und Trockenmassegehalt sowie einen besseren Geschmack und eine längere Haltbarkeit.

Abb. 16A. Beispiel für Steigbilder von Kopfsalat ohne Feldpräparate. Links: Junger Salat, üppige, unregelmäßige Falten. Rechts: Salat im Erntestadium, flache, zweidimensionale Falten. (Kraaijbeekerhof, Driebergen, NL, 1988.)

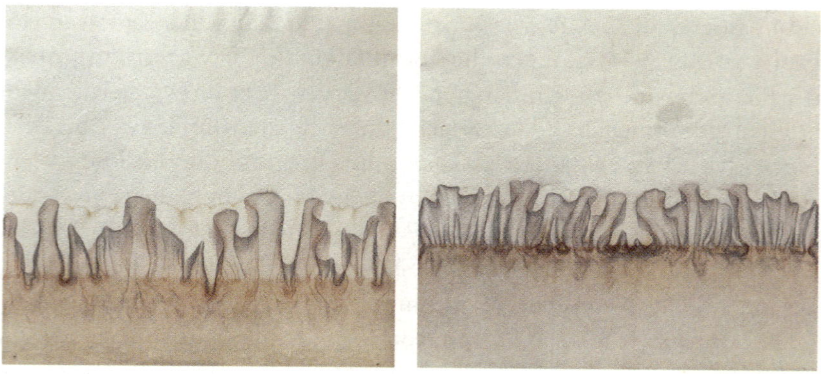

Abb. 16B. Beispiel von Steigbildern von Kopfsalat mit Feldpräparaten, die gleichzeitig in derselben Parzelle wie der Salat der Steigbilder in Abb. 16A angebaut wurden. Links: Junger Kopfsalat, regelmäßigere, zurückhaltende Falten. Rechts: Salat im Erntestadium, mehr dreidimensionale Falten. (Kraaijbeekerhof, Driebergen, NL, 1988.)

Harmonisierend und emanzipierend

Wir haben oben die Unterschiede gesehen, die in einem wachsenden oder, im Gegenteil dazu, in einem kalten, wachstumsverzögernden Frühjahr auftreten. Wir haben gesehen, dass die Präparate je nach den Bedingungen in gewissem Maße hemmend auf ein zu schnelles Wachstum oder im Gegenteil als Stimulanz für ein zu langsames Wachstum wirken. Aber unter allen Bedingungen wirken sie in eine Richtung, die zu einer eher ‹salatspezifischen›, ‹salattypischen› Pflanzenentwicklung führt. Das heißt, die Salatpflanzen waren in der Lage, den gesamten Zyklus von der Jungpflanze bis zur erntereifen Pflanze und dann von der erntereifen (aber nicht geernteten) Pflanze bis zur Blüte und Samenbildung zu durchlaufen. Um es klar zu sagen: Es geht darum, dass eine Pflanze ihr gesamtes Potenzial ausschöpfen kann. Dazu ist es nicht erforderlich, dass ein Salatkopf buchstäblich zur Blüte und Samenbildung gelangt; schließlich wird Salat als Blattfrucht geerntet. Entscheidend ist, dass die Veranlagung zur Blüte und Samenbildung im erntereifen Salatkopf in vollem Umfang vorhanden ist. Diese Wirkung der Präparate habe ich als harmonisierend bezeichnet.

Albert de Vries hat Präparateforschung auf Grasland betrieben und kam zu ähnlichen Ergebnissen.[10] Er bezeichnete die Wirkung der Präparate als emanzipierend in Bezug auf den Jahreslauf.[11] Diese Qualifikation erkenne ich auch in meiner Salatforschung. Salatpflanzen, die mit Präparaten behandelt wurden, waren besser in der Lage, die eigene Art des Salates zum Ausdruck zu bringen. Sie neigten weniger dazu, sich in einem Jahr mit zu viel Wachstum ‹zu verlieren› und ‹zu stark mitgenommen zu werden›. Oder, ganz im Gegenteil, in einem Jahr mit weniger Wachstum zu verkrampfen. Ein biodynamischer Winzer drückte die Wirkung der Präparate auf die Qualität seiner Trauben so aus, dass die Präparate den *Willen zum Ausdruck* unterstützen. Und so stimulieren sie die optimale Verwirklichung des sortentypischen Charakters im Verhältnis zu den Umwelteinflüssen, den die Franzosen so schön mit *Terroir* ausdrücken.

Das Tätigkeitsfeld von Persephone

Dieses Kapitel begann damit, dass ich bei der Vorbereitung meines Vortrags über Phänomenologie die oben genannten Ergebnisse einer früheren Präparate Forschung hervorholte und sie erneut studierte. Ich habe diese Forschung durchgeführt, als ich überhaupt keine Kenntnisse über Persephone hatte, aber jetzt sah ich plötzlich, dass die Präparate genau in Persephones Tätigkeitsbereich liegen. Bei der Herstellung von Feldpräparaten durchdringen sich polar entgegengesetzte jahreszeitliche Kräfte gegenseitig. Die Sommerkräfte im Mist in den Kuhhörnern werden während der Zeit des Vergrabens im Winter mit Winterkräften durchdrungen. Umgekehrt werden die Winterkräfte des Bergkristalls bei der Vorbereitung des Hornkieselpräparats während der Sommerperiode im Boden mit Sommerkräften durchdrungen. Diese Durchdringung im Präparat führt zu einer ausgewogeneren Pflanzenentwicklung im Salat. Wie keine andere hat Persephone die Durchdringung der polaren Kräfte in ihr Wesen integriert. Schließlich ist sie mit ihrem jährlichen Übergang von der Oberwelt in die Unterwelt und wieder zurück die Personifizierung der Durchdringung polarer irdischer und kosmischer Kräfte!

Persephone bringt mit dem Herbst und den fallenden Blättern Licht und Sommerqualitäten in die Dunkelheit der Erde und mit dem keimenden Samen im Frühling die in die Dunkelheit gehüllte Potenz des Samens wieder ans Licht! Das gilt im Großen. Mit Blick auf das Leben auf dem Feld kann man sagen: Dort, wo die Feldpräparate angewendet werden, kann Persephone eine leitende Kraft für das Wachstum der Pflanze sein. Dabei wirken natürlich die Elemente Erde und Wasser, die zusammen den irdischen Pol bilden. Diese Seite wird durch die übliche Verwendung von wasserlöslichen mineralischen Nährstoffen, d. h. Kunstdünger, verstärkt. Aber die Feldpräparate sind ein Instrument, mit dem Persephone diese irdischen Kräfte mit kosmischen durchdringen kann. Dann sind auch die Elemente Licht und Wärme beteiligt. Was für eine Entdeckung, diese Verbindung zwischen meiner früheren Arbeit und meiner aktuellen Forschung über Persephone! Auf diese Weise hatte ich die Präparate noch nie betrachtet. Und was für eine Freude, meine Arbeit auf diese Weise vertiefen zu können!

Das Kreuz

Diese Entdeckung floss in meinen persönlichen Entwicklungsweg ein. Geisteswissenschaftliche Forschung und persönliche Entwicklung sind eigentlich untrennbar. Deshalb möchte ich auch über diesen Aspekt sprechen. Ich weiß von mir selbst, dass es mir nicht leicht fällt, mich hinzugeben, und irgendwie sah ich dieses Thema immer wieder in meinem Leben auftauchen. So beschloss ich eines Morgens, über das Thema ‹Hingabe› zu meditieren, um es besser zu verstehen. Dazu wollte ich ein Bild verwenden, das mir sechs Monate zuvor (Sommer 2018) auf einer Reise durch Peru gegeben wurde. Dort hatte ich ein Erlebnis, das mich die Hingabe erfahren ließ. Wir fuhren über das Altiplano in den Anden auf fast 5000 m Höhe und stiegen für einen Moment aus, um die Aussicht zu genießen. Die Luft in dieser Höhe war so eisig und dünn, dass ich mich beim Gehen einen Moment lang wie ein Betrunkener fühlte und plötzlich ‹trat ich heraus›. In diesem Augenblick sah ich mich selbst als kniende Frau, die voller Hingabe ihre Hände zum Himmel streckt und sagt: *Ich will Euch dienen und mich opfern!*

Diese Erfahrung des ‹Einswerdens mit der geistigen Welt› war für mich ein Beispiel dafür, was Hingabe sein kann. Als ich die Meditationsübung zu der Frage: Was ist Hingabe? begann, rief ich innerlich die Intention in dem Bild der knienden Frau wieder wach. Ich hatte mich noch nicht ganz in die Meditation vertieft, als ich mit einem scheinbar unaufgefordert erscheinenden Bild eines Kreuzes mit Christus überrascht wurde, während mir mit Nachdruck gesagt wurde: *Pass auf, es geht um das Kreuz!* Dann sah ich in meinem meditativen Bild, wie Christus langsam in den Hintergrund trat, aber das Kreuz blieb. Das fühlte sich eindeutig wie ein Appell an: Ich muss etwas damit tun. Ich habe mich dann neugierig auf den Weg gemacht, um die Bedeutung des Kreuzes als Symbol zu verstehen, und habe viel darüber gelesen, zum Beispiel in dem schönen Buch von Jakob Streit.[12] Mehr Klarheit darüber bekam ich aber erst ein paar Wochen später beim Studium der Präparate-Forschung.

Im Durchdringungsprozess von Sommer- und Winterkräften sehe ich die Sommerkräfte und den damit verbundenen Impuls, der die Pflanzen befähigt, sich in Zeit und Raum auszudehnen, als das horizontale Prinzip. Die Winterkräfte sehe ich als einen spirituellen Impuls, der es den Pflanzen ermöglicht, sich mit ihren kosmischen Urbildern zu verbinden. Die Winterkräfte sind das vertikale Prinzip im Kreuz. Was die Präparate betrifft, so war mir schon vorher klar, dass es nicht nur darum geht, einfach pflanzliche oder mineralische Stoffe mit tierischen Stoffen zusammenzubringen. Es genügt auch nicht der natürliche, rhythmische Wechsel der Jahreszeiten, dem die Präparate während der Zubereitung ausgesetzt sind. Vielmehr geht es darum, dass sich Substanzen und jahreszeitliche Kräfte durch die ‹einladenden› Handlungen des Menschen wirklich durchdringen.

Wenn ich auf meine Meditation zurückblicke, sehe ich, dass sie mich in eine ähnliche Stimmung der Hingabe brachte wie die, die ich auf dem Altiplano erlebt hatte. Dies ermöglichte es mir, mich für die geistige Welt zu öffnen und das Bild des Kreuzes zu empfangen. Durch das Bild des Kreuzes, in dem die horizontalen und vertikalen Prinzipien einander durchdringen und sich in der Kreuzung treffen, wurde der verbindende und durchdringende Impuls von Persephone und die Bedeutung der Präparate für mich noch wesentlicher.

Kapitel 5 Biodynamische Präparate und Gesundheit

Im vorigen Kapitel haben wir gesehen, dass Feldpräparate harmonisierende Auswirkungen auf die Pflanzenentwicklung haben. In meinem Beispiel vom Kopfsalat haben wir gesehen, wie der Salat durch Präparate salattypischer wird und seine eigene Form besser verwirklichen kann. Wie würde sich diese Qualität auf den Menschen wirken, der sich von solchen Pflanzen ernährt? Erlebt man eine andere Qualität in der Verdauung bei Salat, der mit Präparaten angebaut wurde, als bei Salat ohne Präparate? Machen biodynamische Präparate biodynamische Lebensmittel für den Menschen gesünder? Und wo treffe ich hier Persephone?

Menschsein in der Gegenwart

Es gibt viele Möglichkeiten, sich dem Thema der menschlichen Gesundheit zu nähern. Hier suche ich nach dem Zusammenhang zwischen Persephone und der menschlichen Entwicklung. Das ist es, was Rudolf Steiner 1911 in einer Vortragsreihe über die Bedeutung der griechischen Mythologie erörtert. Darin skizziert er den Raub der Persephone aus der Oberwelt in die Unterwelt als Bild für den ‹Raub› des Hellsehens in den unbewussten Teil der Seele.[1] Die Griechen wussten damals, dass die geistigen Kräfte des Hades nicht nur in der Unterwelt der Erde wirken, sondern dass auch die menschliche Seele eine Unterwelt hat. Das Untertauchen des Hellsehens in die Unterwelt der Seele war notwendig. Es gab dem Menschen den Raum, sich unabhängig von geistigen Impulsen zu entwickeln und sich vollständig mit dem Irdischen zu verbinden. Das Lösen aus der göttlichen Einflusssphäre und die Entwicklung des Wissens über die irdische Wirklichkeit förderten ein eigenständiges Ich-Bewusstsein des Menschen.

Aber eine geistige Fähigkeit ist nie einfach weg, sie kehrt in veränderter Form zurück, sagt Steiner in diesen Vorträgen. Ab 1899, dem Ende des Kali Yuga, der langen Periode der geistigen Verdunkelung, öffnet sich die Seele wieder mehr und mehr für die geistige Welt. Nicht jeder Mensch ist darauf gleich vorbereitet. Die Grenzen zwischen der irdischen und der kosmischen Welt, zwischen der inneren und der äußeren Welt des Menschen verschwimmen. Was in der Außenwelt geschieht, seien es schockierende Ereignisse oder scheinbar einfache Äußerungen eines Menschen, kann die Menschen sehr unterschiedlich treffen. Nicht jeder hat die Kraft, darüber nachzudenken, was dann mit ihm geschieht. Es entsteht Verwirrung, die manchmal auch zu einer persönlichen Krise führen kann.

Rudolf Steiner beschreibt, dass sich die drei Seelenqualitäten Denken, Fühlen und Wollen zunehmend voneinander lösen und jede der drei sich zu verselbständigen droht. Dieser Prozess fand früher nur statt, wenn einige wenige unter der Leitung eines Eingeweihten Schritt für Schritt eingeweiht wurden, zurückgezogen in einem Tempel. Nun aber steht die gesamte Menschheit an der Schwelle, wie Bernard Lievegoed in seinem Buch *Der Mensch an der Schwelle*[2] erörtert. Der Prozess des Loslösens kann in jedem menschlichen Leben stattfinden. Ereignisse im gewöhnlichen Leben können Initiationsmomente sein und wie eine Feuerprobe wirken.[3] Wenn sie nicht sofort verstanden werden, entstehen Verwirrung, Depression und Wut.

So wird es mehr und mehr zu einer Aufgabe des Menschen selbst, diese drei Seelenqualitäten richtig miteinander zu verbinden. Und wo das nicht gelingt, entsteht das Chaos unserer Zeit. Schauen Sie sich nur aktuelle Probleme wie die Klimakrise an: Wir wissen, was zu tun ist, aber wir tun es nicht. Wir wollen unsere Komfortzone nicht verlassen. Oder, ein ganz anderes Beispiel: Manchmal scheint das Denken völlig ausgeschaltet zu sein, wenn gewalttätige Fußballfans aus Emotionen heraus Zerstörung anrichten. Ein weiterer Bereich ist der chronische Stress, den viele Menschen bei ihrer Arbeit erleben, bei der Verstand und Gefühle kaum miteinander in Kontakt treten können. Wie schön ist es, einen Arbeitsplatz zu haben, an dem man nicht nur mit dem Kopf, sondern auch mit Herz und Hand arbeiten kann!

Wenn die Dreieinigkeit von Denken, Fühlen und Wollen zu zerbrechen droht, steht die Integrität des Menschseins, die Menschenwürde, auf dem Spiel. In der Tat ist das Denken die kosmische, geistige Seite des Menschen, und das Wollen, verbunden mit dem Handeln, um etwas in der Welt zu verwirklichen, ist seine irdische Seite. Und dazwischen, in der Mitte, steht das Fühlen, das über das Herz die Verbindung zwischen Denken und Wollen und damit auch das Gleichgewicht herstellt. Die Verbindung der drei wird zunehmend zu einer Aufgabe für den Menschen selbst. Natürlich gibt es individuelle Unterschiede, mancher ist eher ein Gefühlsmensch, ein anderer eher ein Denker oder ein Macher. Und doch kann jeder das Gleichgewicht zwischen den drei Qualitäten suchen, so dass man einerseits nicht zu sehr im Kopf bleibt und andererseits bei der Arbeit nicht den Kopf verliert, aber auch weiterhin mit Gefühl handelt. Man fühlt sich wohl in seiner Haut und menschlicher, wenn die drei Seelenqualitäten im Gleichgewicht sind. Nur dann können wir menschlich leben und handeln.

Rudolf Steiner hat die Notwendigkeit der Integration unserer drei Seelenqualitäten schön in einem Spruch beschrieben[4]:

Ecce Homo

In dem Herzen webet Fühlen,
In dem Haupte leuchtet Denken,
In den Gliedern kraftet Wollen.
Webendes Leuchten,
Kraftendes Weben,
Leuchtendes Kraften:
Das ist – der Mensch.

Menschengerechte Ernährung

Es gibt eine interessante Aussage Rudolf Steiners über die Ernährung in Bezug auf das Menschsein, die er im Gespräch mit Ehrenfried Pfeiffer (1899–1961) machte.[5] Pfeiffer reiste als junger Forscher am Goetheanum viel mit Steiner zu dessen Vorträgen und fragte Rudolf Steiner, als er noch vor dem Landwirtschaftlichen Kurs am Bahnhof auf einen Zug wartete:

> *Wie kommt es, dass trotz all Ihrer Vorträge und theoretischen Erkenntnisse der Wille zum Handeln bei den Menschen so schwach ist, den geistigen Impuls erfolgreich in die Praxis umzusetzen?*

Steiner antwortete daraufhin: Das ist ein Ernährungsproblem. So wie die Ernährung heute gestaltet ist, gibt sie dem Menschen nicht mehr die Kraft, das Geistige in der materiellen Wirklichkeit zu gestalten. Die Brücke vom Denken zum Handeln kann nicht mehr gebaut werden …

In meinen Worten: Es fehlt die notwendige Durchdringung der Seelenqualitäten, so dass ein Gedanke oder eine Einsicht nicht zu einer entsprechenden, moralischen Handlung führen kann. Also als Folge einer qualitativ ungenügenden Ernährung! Es stellt sich also die Frage: Wie kommen wir zu einer ‹menschenwürdige› Ernährung? Kann biodynamische Ernährung helfen, unsere Seelenqualitäten zu integrieren?

Mein Ausgangspunkt ist, dass wir uns nicht nur mit den Nährstoffen, z. B. im Salat, als Brennstoff oder Baumaterial unseres physischen Körpers ernähren, sondern auch mit den Lebenskräften, die diesen Salat gebildet haben. Diese werden bei der Verdauung freigesetzt. Es ist essenziell zu erkennen, dass wir nicht Lebens- und Formkräfte aus einer Pflanze ‹tanken›, sondern dass wir uns mit diesen Kräften bei der Verdauung auseinandersetzen. Dies geschieht, indem sich unsere eigenen Lebenskräfte mit den Formen, in die sich die Lebenskräfte der Pflanze eingeprägt haben, mitbewegen. Wir nehmen diese bei der Verdauung intensiv wahr, dürfen uns aber gleichzeitig nicht mit diesen fremden Lebenskräften identifizieren. Die Verdauung der Nahrung ist wie ein Gespräch mit demjenigen, was wir aufnehmen und was von uns eine angemessene Antwort verlangt. Wir nehmen die Essenz des Salats wahr, werden aber nicht selbst zum Salat! Wir entwickeln unsere Vitalität durch die Begegnung mit und den Sieg über die spezifischen Lebens- und Formkräfte des Salats.

Wir haben im vorigen Kapitel gesehen, dass sich der Salat durch die harmonisierende Wirkung der Feldpräparate optimal als salattypischer Salat entwickeln kann. Mit anderen Worten: Das Urbild, die dem Salat innewohnende Natur, kommt besser zur Geltung. Diesem Urbild begegnet man beim Verzehr von Salat – oder auch nicht, wenn es durch einseitigen Anbau nicht zum Ausdruck gebracht werden konnte. Im letzteren Fall isst man vielleicht einen zugegebenermaßen hübschen Salatkopf, der so viel irdische, vegetative Kraft hat, dass er nicht hätte blühen können. Er würde schnell verfaulen wie eine Art ‹aufgeblasener Salat›.[6] Oder man isst einen Salatkopf, der auch schön frisch aussieht, der aber überdies in seinen Lebenskräften die Fähigkeit hat, zu blühen. In der Demeter-Werbung in den Niederlanden wird ein solcher Salat manchmal als ‹Kopfsalat mit Charakter› oder ‹reifer, erwachsener Kopfsalat› bezeichnet (siehe Abb. 17).

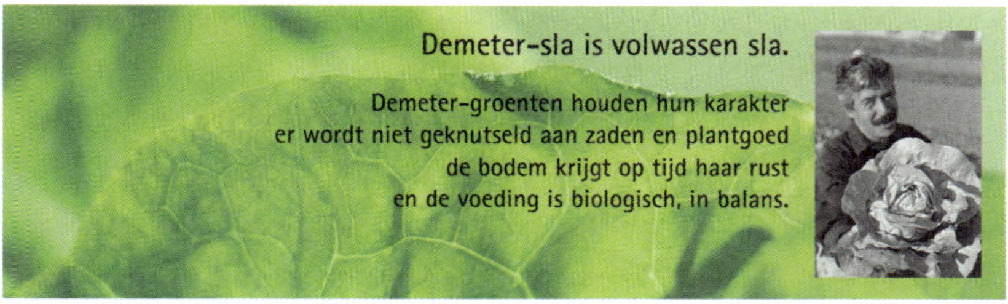

Abb. 17. Demeter-Werbung in Naturkostläden in den Niederlanden, Ende der 1990er Jahre.

Bei beiden frisch aussehenden Salatarten – ‹aufgeblasener› Salat oder Demeter-Salat – sind die Lebenskräfte, denen man bei der Verdauung begegnet, unterschiedlich, weil die Dynamik des Entwicklungsprozesses hin zum Endprodukt unterschiedlich war. Der eine Salat blieb im irdisch-vegetativen Bereich stecken, der andere konnte sich im Wachstumsprozess etwas zurückhalten und wäre daher blühfähig gewesen. Bei dem einen trifft man bei der Verdauung auf zu viele einseitige Lebenskräfte, bei dem anderen auf ausgewogene, gestaltende Lebenskräfte. Und genau diese gestaltenden Lebenskräfte sind es, die uns als Menschen mit ihrem ‹Vorbild› nähren und uns im menschenwürdigen Handeln unterstützen![7]

Damit haben wir einen wichtigen Aspekt der Bedeutung von Präparaten für die Ernährungsqualität des Menschen erfasst. Wird die Nahrungspflanze im Anbau mit den integrierenden Kräften der Feldpräparate unterstützt, um ihr eigenes spezifisches Wesen hervorzubringen? Dann begegnen wir als Menschen diesen integrativen, prägenden Kräften umso stärker bei der Verdauung einer solchen Pflanze. Und das ist es, was gewollt ist! Wir wollen Lebensmittel anbieten, die den physischen Menschen nicht nur mit Nährstoffen und mit schier ungezügelten Wachstumskräften versorgen. Der Landwirt will dem Menschen eine Ernährung bieten, in der sich Wachstumskräfte und Reifungskräfte gegenseitig durchdringen. Solche integrierten Lebenskräfte tun dem Menschen geistig gut. So kann ihn eine solche Nahrung optimal in seiner Entwicklung, im Erlernen der Integration seiner Seelenkräfte, unterstützen. Biodynamische Qualität befähigt den ‹integrierenden Menschen›, Denken und Handeln wieder mit dem Herzen zu verbinden, gerade in der heutigen Zeit, in der die Seelenqualitäten sich aus ihrer natürlichen Verbindung lösen.

Wie kann man Qualität messen?

Wie misst man Qualität? Die Landwirte geben ihre Ernte gerne in Kilos an, denn sie werden nach dem Gewicht der Ernte und nach äußeren Merkmalen wie Unversehrtheit der Produkte und Gleichmäßigkeit der Partie bezahlt. Leider werden die Erzeuger nicht für die ‹innere Qualität› belohnt, die man als Verbraucher äußerlich nicht sehen kann.

Und doch kann man über diese innere Qualität etwas aussagen. Wir haben seinerzeit im Louis Bolk Institut für eine Reihe von Kulturpflanzen Qualitätsuntersuchungen im Hinblick auf die Integration der irdischen Wachstumskräfte einerseits und der prägenden kosmischen Kräfte in der Reifephase andererseits durchgeführt. Dazu haben wir die Pflanzenentwicklung dieser Kulturen unter verschiedenen Anbaubedingungen gezielt beobachtet (siehe Abb. 18) und mit wenigen, relativ einfachen Laboranalysen verschiedene Inhaltsstoffe in den Ernteprodukten gemessen. Wir bewerteten die integrierte Qualität anhand der Pflanzenentwicklung und konnten durch unsere Analyse feststellen, welche Werte für die Inhaltsstoffe dazu gehören.

Auf diese Weise konnten wir für jede Kultur eine Art Mindestwert für diese Gehalte angeben, z. B. für Rote Bete, Kopfsalat, Karotten und Kürbis. Oberhalb dieser Werte konnte man von einer guten Qualität sprechen. Auf diese Weise konnten wir den Erzeugern eine Rückmeldung über die Qualität ihrer Erzeugnisse geben und ihnen zeigen, wie sie diese verbessern können.

Es gibt zum Beispiel Anbaumaßnahmen, die die vegetativen Aspekte stimulieren, wie die Verwendung von frischerem Dünger. Andererseits kann man mit älterem, stärker kompostiertem Dünger ein übermäßiges

Abb. 18. Entwicklungsreihe eines Wintermöhrenbestandes, monatlich beobachtet zwischen Mai und Oktober, auf einem Sandboden. Oben: Eine gut ausgereifte Möhre unter stickstoffarmen Bedingungen. Unten: Eine nicht gut ausgereifte Möhre unter zu hohen Stickstoffbedingungen, so dass die Blattbildung bis zur Ernte anhält.

Wachstum zurückhalten. Jan Bokhorst, der diese Forschung seinerzeit leitete, beschreibt dies auf seiner Website wie folgt[8]:

> *Bei der Qualität geht es um die Dynamik zwischen Wachstum und Reifung. Dies kann nur in der Entwicklung der Pflanzen richtig verfolgt werden. Dennoch gibt es Indikatoren, die auf Wachstum, Reifung oder einfach auf die Dynamik zwischen beiden hinweisen. Ein hoher Nitratgehalt deutet auf Wachstum hin, Zucker- und Trockenmassegehalt auf Reife. Geschmack, Haltbarkeit sowie die Widerstandsfähigkeit gegen Selbstzersetzung weisen auf eine ausgewogene Dynamik zwischen diesen beiden Faktoren hin.*

Es gibt noch weitere Möglichkeiten, um sichtbar zu machen, inwieweit die prägenden Lebenskräfte zur Entwicklung der Pflanzen und zur Qualität des geernteten Produkts beigetragen haben. Das sind die sogenannten bildschaffenden Verfahren, einschließlich der Steigbilder, die ich bei meiner Salatforschung angewendet habe (siehe Kapitel 4).

Die biodynamischen Feldpräparate aus spiritueller Sicht

Die Anthroposophie als Quelle der biodynamischen Landwirtschaft geht davon aus, dass die Entwicklung der Erde und des Menschen miteinander verwoben und voneinander abhängig sind. Das wusste auch Persephone als Göttin der Lebensebene der Erde und der Pflanzen, als sie Sophia als Göttin der Weisheit um Hilfe bat (Kapitel 2). Sie war besorgt, dass die Lebensschicht der Erde nicht gerettet werden konnte, wenn die Handlungen der Menschen nicht von höchster moralischer Weisheit durchdrungen waren. In der Tat wollte sie die Pflanzenwelt von ihrer derzeitigen Tendenz befreien, sich ausschließlich aus irdischen Qualitäten zu entwickeln.

Es sei daran erinnert, dass das erwähnte Gespräch zwischen Ehrenfried Pfeiffer und Rudolf Steiner über die Qualität der Nahrung zu einer Zeit stattfand, als die Kunstdüngung bereits auf dem Vormarsch war (Anfang des 20. Jahrhunderts). Das beunruhigte damals die anthroposophisch orientierten Landwirte. Was würde das spirituell bedeuten? Also baten sie Rudolf Steiner um Gesichtspunkte. Er gab viele, aber er tat noch mehr: Er entwarf die biodynamischen Feldpräparate.

Um deren weitreichende Bedeutung zu verstehen, ist es hilfreich, was der Arzt Joop van Dam über eine Gruppe von anthroposophischen Arzneimitteln, den Doronen, schreibt, die nicht so sehr Krankheiten bekämpfen, sondern die gesunde Organfunktion anregen.[9] Die Arbeit mit den gesundheitsfördernden Kräften wird heute gemeinhin als Salutogenese bezeichnet. Charakteristisch für die Dorone ist, dass sie die ‹Mitte› des Menschen anregen, um von dort aus die Selbstheilungskräfte des Organismus zu aktivieren. Sie bestehen immer aus zwei Pflanzenarten mit polarer Wirkung, um eine gesunde Wechselwirkung zwischen zwei gegensätzlichen Qualitäten im Organismus auszulösen. Das Cardiodoron zum Beispiel enthält einerseits die sukkulente, kleine gelbe Frühlingsprimel und andererseits die hohe, im Herbst blau-violett blühende Eselsdistel. Ein anderes Doron enthält sowohl eine Pflanze, die im Licht wächst, als auch eine, die im Schatten gedeiht.

Joop van Dam verglich die Dorone mit den biodynamischen Präparaten, weil auch sie auf der Wirksamkeit einer solchen Polarität beruhen. Die Präparate sind Medikamente für die Erde, oder wie das griechische Wort doron eigentlich bedeutet: ein Geschenk. In der Tat beschreibt Rudolf Steiner im Landwirtschaftlichen Kurs die Präparate als Medizin, um die Erde und die Pflanzen für die Verbindung zwischen irdischen und kosmischen Einflüssen sensibel zu machen.[10] Oder wie Joop van Dam es beschreibt: um das ‹Gespräch zwischen Erde und Kosmos› neu zu beginnen und darin ein Gleichgewicht zu finden, das für jede Kulturpflanze spezifisch ist. Dann können in der eher irdischen Wachstumsphase auch die formenden kosmischen Kräfte mitwirken und andererseits wird in der Reifephase, in der Licht und Wärme eine Rolle spielen, auch die Füllung mit irdischer Materie realisiert.

Obwohl ich die Ansicht von Joop van Dam sehr hilfreich finde, denke ich, dass die Herstellungsmethode der Feldpräparate einen Schritt weiter geht als die der Dorone. Es geht nicht darum, zwei polare Kräfte in einem Präparat zusammenzufügen, so wie man in der Medizin zwei gegensätzliche Pflanzenarten zusammenfügt. Im Präparat geht es darum, dass sich irdische und himmlische Kräfte wirklich gegenseitig durchdringen, wie im Yin-Yang-Symbol, in dem ein Pol (schwarz) den anderen Pol (weiß) durchdrungen hat und umgekehrt (siehe Abb. 19).

Abb. 19. Yin-Yang-Symbol aus der alten chinesischen Weisheit, wobei Yin die Qualitäten der Erde und des Weiblichen und Yang die Qualitäten des Männlichen und des Himmels symbolisieren. Durch die Durchdringung dieser beiden Qualitäten wird Harmonie geschaffen.

Durch diese Herstellungsmethode geben die biodynamischen Feldpräparate einen zusätzlichen Impuls für die gegenseitige Durchdringung der Kräfte der vier Elemente. Dies wiederum wird dadurch gefördert, dass die biodynamischen Bauern mit organischem Dünger und nicht mit Kunstdünger arbeiten. Kunstdünger enthält wasserlösliche, schnell aufnehmbare Mineralstoffe für die Pflanze. Dadurch wird die Pflanze direkt gefüttert und tatsächlich an den Tropf gehängt. Manche Experten vergleichen Kunstdünger auch mit *Junkfood* für die Pflanze. Mit organischem Dünger wird in erster Linie das Bodenleben gefüttert. Die Aktivität von Bodenorganismen wie nützlichen Pilzen und Würmern wird aktiviert. Sie verdauen den organischen Dünger und setzen daraus Nährstoffe für die Pflanze frei. Während mineralische, wasserlösliche Düngemittel einseitig die Elemente Erde und Wasser betonen, bezieht die organische Düngung hingegen alle vier Elemente mit ein.

Wir haben in diesem Kapitel gesehen, wie wichtig die Integration dieser irdischen und kosmischen Qualitäten, also aller vier Elemente, ist, um den Menschen mit menschengerechter Ernährung in menschengerechtem Handeln zu unterstützen. Was die Präparate im Pflanzenwachstum verwirklichen, das Gleichgewicht der Qualitäten und damit die Manifestation des eigenen Wesens der Pflanze, wirkt in der Ernährung und in dem, was diese Ernährung für den Menschen bewirkt, durch. Der Mensch kann aus der Integration seiner Seelenqualitäten heraus handeln. Er gewinnt die Kraft, dem Geistigen in der materiellen Wirklichkeit Gestalt zu geben. Das ist es, was Steiner mit seiner Antwort an Ehrenfried Pfeiffer gemeint hat.

Im vorigen Kapitel haben wir von den Präparaten als Instrumenten der Persephone gesprochen. Das können wir jetzt noch tiefer sehen. Sie bat um Menschen, die aus der höchsten, sittlichen Weisheit heraus mit der Lebensschicht der Erde umgehen können. Aus dieser Weisheit heraus hat Rudolf Steiner die Präparate entworfen. Pflanzen können unter Bedingungen angebaut werden, die dem Wirken aus dem Kosmos Raum geben. Solche Pflanzen tragen zur geistigen Gesundheit des Menschen bei. Es besteht also eine Gegenseitigkeit: Die Anweisungen des Landwirtschaftlichen Kurses helfen dem Menschen, den Pflanzen Gutes zu tun, und die Pflanzen helfen dem Menschen, gesund zu werden und Gutes zu tun!

Kapitel 6 Persephone in der Mittwinterzeit

Persephone ist mit der Pflanzenwelt verbunden, die sich mit dem Lauf der Sonne durch das Jahr bewegt und verändert. Was bedeutet das für Persephones Arbeit im Jahreslauf? Im Herbst steigt sie in die scheinbar tote Erde hinab. Dann kommt der Winter mit dem Weihnachtsfest, in dem wir der Geburt des Christuswesens gedenken. Das ist auch die Zeit, in der eine Reihe von Präparaten in der Erde vergraben liegen. Erst im Frühling, mit dem Sprießen der Pflanzenwelt, nähert sie sich wieder. In diesem Kapitel möchte ich näher darauf eingehen, was Persephone tut, wenn keine Pflanzen auf der Erde wachsen. Auch die besondere Bedeutung der Wintererde für die Bildung der Präparate ist es wert zu beachten.

Der Jahreslauf wird seit Jahrhunderten von vier Jahresfesten geprägt.[1] In diesem Kapitel möchte ich zunächst den Jahreslauf erörtern und dann besonders auf die Rolle der Persephone in der Mitte des Winters, zur Weihnachtszeit, eingehen. Im nächsten Kapitel werde ich auf die Auferstehungskräfte zu Ostern eingehen und mich dabei besonders auf den Übergang von einem toten zu einem lebendigen Denken konzentrieren. Das Erscheinen von Persephone in der Frühlingsnatur ist ein Bild dafür.

Der Zyklus der Pflanze zwischen Keimung und Samenbildung

Rhythmus ist charakteristisch für das Leben; man denke an den Tagesrhythmus, den Monatsrhythmus und den Jahresrhythmus. Die Erde als ein belebter und lebendiger Organismus atmet im Rhythmus der Jahreszeiten ein und aus.[2] Jedes Jahr können wir diesen großen Ein- und Ausatmungsprozess erleben. Im Herbst und Winter ist die Bewegung abwärts und nach innen gerichtet, im Frühling und Sommer ist die strebt die Bewegung aufwärts und nach außen. Diese Richtungen kennzeichnen auch die Entwicklung einer einzelnen Pflanze zwischen Keimung und Samenreife.

Wenn man sich näher damit befasst, so wird der Wachstumsbeginn einer einzelnen Pflanze für unser Auge sichtbar, wenn ein sich aufrichtender Stängel den Boden senkrecht durchstößt und sich dem Licht entgegenstreckt. Die Rolle der Zwerge in diesem Zusammenhang wurde in Kapitel 3 erörtert. Als Nächstes sehen wir die eher horizontale Wachstumsbewegung der austreibenden Blätter, die sich in den Raum ausbreiten. Den Rest der Vegetationsperiode hindurch sehen wir immer wieder diesen rhythmischen Wechsel zwischen der vertikalen, sich zusammenziehenden Bewegung des Stängelwachstums nach oben und der horizontalen Ausdehnung der Blätter nach außen. Jede Pflanzenart tut dies auf ihre eigene Art und Weise.

Zum Sommer hin, wenn die Sonne ihren höchsten Stand erreicht, erreichen die Pflanzen mit der Blüte auch den Höhepunkt ihrer Entwicklung. Durch die Blüten zeigen sie ihr wahres Gesicht. In allen möglichen raffinierten Formen, Farben und Düften kommt das Urbild jeder Pflanzenart im Stoff zum Ausdruck. In diesem Stadium, in dem man den charakteristischen Blütenstand einer Pflanze sieht, kann man die Pflanzen am besten bestimmen. Nehmen wir Gräser, die im Blattstadium schwer zu unterscheiden sind, aber sobald sie blühen, wird klar, dass das eine mit seiner kompakten Ähre ein Ackerfuchsschwanz und das andere mit seinen Blütenbüscheln das Knaulgras ist (siehe Abb. 20).

Abb. 20. Blühende Gräser. Zweiter Halm von links: Ackerfuchsschwanz *(Alopecurus pratensis)*. In der Mitte mit dem Blütenstand, der über die anderen hinausragt: Knaulgras *(Dactylis glomerata L.)*.

Während der Blütezeit geschieht ein weiteres Wunder. In den Blüten wird von den Staubblättern Pollen produziert. Diese Pollenkörner können durch den Wind oder durch Insekten auf den Stempel einer anderen Blüte gelangen. Dank dieser Bestäubung kann dann eine Befruchtung stattfinden. Ohne Bestäubung hätten wir also keine Früchte zum Essen. Etwa 35 % der weltweiten Produktion von Nahrungsmitteln für den Menschen – man denke an Obst oder Gemüse wie Tomaten, Zucchini und Kürbisse – hängt von der Bestäubung durch Insekten ab. Die Samenbildung ist bei vielen Pflanzen das Endstadium der Pflanze. Nach der maximalen Ausdehnung im Sommer werden nun alle ‹Erinnerungen› der vergangenen Jahreszeit in einem Samen gebündelt und gespeichert. Dies ist die innere Entwicklungsrichtung, auf die die abwärts gerichtete folgt: Der Samen geht in die Erde, die Pflanze stirbt.

Das ist die äußere Wirklichkeit. Im zweiten Vortrag des Landwirtschaftlichen Kurses weist Rudolf Steiner darauf hin, was geistig geschieht. Aus diesem Blickwinkel findet die Befruchtung nicht in der Pflanze statt, sondern der Same bildet das Vaterprinzip, in dem das kosmische Urbild der Pflanze enthalten ist. Die wesentliche Befruchtung findet im Schoß von Mutter Erde statt, durch den Samen, der im Frühjahr Wasser aufnimmt und dadurch ins Chaos geworfen wird. Spirituell gesehen ist der Same also der männliche Beitrag im Fortpflanzungsprozess; er repräsentiert die Urkräfte von Vater Himmel. Der Same kann nur in Zusammenarbeit mit den Kräften von Mutter Erde zu neuem Leben heranwachsen.[3] So kann man die Samenbildung als die Geburt der neuen Pflanze in der Zeit und die Keimung als die Geburt im Raum betrachten.

Herbst und Winter: der Abstieg der Persephone

Nach dem frischen, knospenden Grün des Frühlings in allen möglichen Schattierungen sehen wir im Sommer langsam, wie sich über Bäume und Sträucher ein gesättigtes Grün legt, in dem alle Farbschattierungen verschwunden sind. Es herrscht dann immer noch ein Gleichgewicht zwischen aufbauenden und abbauenden Kräften des Wachstums. Wir sehen diese Veränderung, wenn im August die Tage rasch kürzer werden und die Pflanzendecke bereits zu welken beginnt. Zuerst verschwindet das

Grün aus den Blättern und es erscheinen gelbe oder rotbraune Farbtöne. Vor allem die Buchen zeigen dann die verinnerlichte Sonne mit ihrem warmen goldgelben Schein. Wenn es eine Weile windstill war, sehen wir am Boden rund um den Stammfuß eine gelbe Blattfläche, wie ein schönes Nachglühen der Sommerwärme. Doch sobald die Herbststürme wüten, weht alles zu einem großen Haufen zusammen, durch den die Kinder dankbar stapfen.

Der Herbstmorgen beginnt neblig und feucht. Es ist die Zeit, in der Pilze gedeihen und helfen, das herabfallende Laub zu beseitigen. Dass im Wald Zersetzung und Verdauung stattfinden, spürt man an dem besonderen Geruch des verrottenden Laubes. Neben den Pilzen zeigen auch verschiedene Tiere wie Springschwänze und Würmer eine erhöhte Aktivität. Sie arbeiten im Boden zusammen, um Laub zu verdauen und in die fruchtbare, lebendige Substanz des Humus umzuwandeln. Das ist es, was ein Landwirt auch bei der Kompostierung von Hofdünger und Pflanzenresten aus der Ernte anstrebt. Über der Erde sehen wir, wie Spinnen überall ihre Netze weben und Insekten fangen. Das muntere Vogelgezwitscher, das wir im Frühjahr hören können, ist im Juli bereits verstummt, lebt aber im Herbst als leises Rauschen in den Büschen wieder auf. Einige Vögel scharen sich zusammen und verschwinden buchstäblich aus unserem Blickfeld, wir sehen sie V-förmig zu anderen Orten fliegen, um dort zu überwintern.

Schließlich verlieren die meisten Pflanzen und Bäume ihre Blätter und wir sehen, wie sich das Leben der Natur in die überwinternden Knospen und Samen zurückzieht. Überall um uns herum sind die entblößten Skelettformen der Bäume zu sehen, die Felder liegen kahl. Die Erde hat eingeatmet! Und wie geht es uns Menschen dabei? Es hat uns schon wehmütig gemacht, als wir die langen Sommerabende nicht mehr draußen genießen konnten und es immer früher dunkel wurde. Jetzt ziehen wir uns weiter zurück und verbringen viel mehr Zeit in Innenräumen. Als Agrarforscherin habe ich mit dem Rhythmus der Landwirtschaft gelebt. Erst als der Nachtfrost einsetzte und die letzte Ernte eingebracht war, kehrte bei den Bauern eine gewisse Ruhe ein. Es wurde Raum geschaffen, um drinnen in Studiengruppen zu arbeiten und Forschungsdaten auszutauschen. Die Bauernkonferenzen werden daher in der Regel nach Mitte November und vor dem 1. März angesetzt, sonst kommt niemand! Denn sobald sich der Boden wieder erwärmt, muss gesät, gesetzt oder gepflanzt und gejätet werden, und das hat immer Vorrang.

Mit dem Einatmen der Erde, das auf das große Ausatmen im Sommer folgt, ist auch der Moment gekommen, in dem Persephone wieder in die Erde hinabsteigt. Die alten Griechen markierten diesen Moment am 24. September, dem Tag, an dem sie Persephone und Demeter während der Mysterien von Eleusis verehrten.[4] Wir können sie gleichsam durch die skizzierten Herbstphänomene verschwinden sehen und versuchen, ihr mit unserer Aufmerksamkeit zu folgen. Wohin geht sie und was tut sie dort? Ergründen wir, was in der Wintererde geistig vor sich geht.

Die Wintererde

Während sich in der äußeren Welt das Phänomen des sich zurückziehenden Lebens abspielt, finden zur gleichen Zeit in der unsichtbaren Welt der Lebenskräfte Prozesse statt. In dieser Welt leben Wesen, die sich intensiv mit dieser Abbauphase im Lebenszyklus der Pflanzen beschäftigen. In Kapitel 3 haben wir vier Gruppen solcher Naturwesen kennengelernt. Mit dem Rückzug des Lebens und dem Zerfall der Materie werden auch die Lebens- und Formkräfte freigesetzt, die den Blättern unter den gegebenen Bedingungen der jeweiligen Jahreszeit ihre Gestalt gegeben haben. Rudolf Steiner beschreibt, dass die Elfen diese gelösten Formkräfte mit großer Sorgfalt und Freude auf die Erde tropfen.[5] Die wachen Zwerge nehmen die Formkräfte wahr und bewahren sie als Urbilder während des Winters in ihrem Gedächtnis, um sie im Frühjahr wieder dem neuen Leben zu schenken.

Mit diesem Wissen können wir als Menschen den Winter anders betrachten. Die Wintererde mag äußerlich tot aussehen, aber in ihrem Inneren ist sie voller Lebenspotenzial. Tatsächlich befindet sich die Erde im Winter in einer Art Saatzustand. Stofflich gesehen ist sie sehr zusammengezogen, aber eigentlich trägt sie alle Möglichkeiten der lebendigen Form in sich.[6] Dies sind die Kräfte des Lebens und der Form, die von den Gnomen in Verwahrung genommen wurden. Wenn die Erde am meisten in sich gekehrt ist und sich nicht mehr in den äußeren Phänomenen des Pflanzenlebens verliert, ist sie am empfänglichsten für die kosmischen

Kräfte. Nicht umsonst pflügen die Bauern vor dem Wintereinbruch die Felder, damit sich die Erde mit ihrer gepflügten Oberfläche dem Kosmos zuwenden kann. Dieser kristalline Charakter des Winters wird noch verstärkt, wenn Frost und Schnee kommen (Abb. 21). Diese Wintererde voller Lebenspotenzial ist Wohnort und Arbeitsort von Persephone! Als göttliches Wesen bewahrt sie die Lebenskeime der Pflanzen in der Erde vor dem Absterben und sorgt dafür, dass sie beim Wachstum auf der Erde mit ihren kosmischen Urbildern verbunden bleiben. Eine große Geste, damit die Erde und ihr Pflanzenkleid nicht aus der Verbindung mit dem Kosmos fallen.[7]

Abb. 21. Feld in einer Winterlandschaft mit Eiskristallen auf der gepflügten Erde auf einem biodynamischen Ackerbaubetrieb in Kraggenburg (NL).

Und dann kommt der Moment der Wintermitte, in dem in allen alten Mysterien und Religionen erlebt wurde, dass endlich der kürzeste Tag erreicht ist und gefeiert werden kann, als ein Moment der Hoffnung und des Vertrauens, dass von nun an das Licht der Sonne die Dunkelheit überwinden wird. Genau in diesem dunkelsten Moment um die längste Nacht des Jahres, wenn die Erde nach der Wintersonnenwende den Atem anhält, wird das Jesuskind geboren, das später zum Christus wird.[8] Und in diesem Augenblick ist auch Persephone in der Erde, um den Christus zu empfangen! Dieses Bild der Christus empfangenden Persephone finden wir in der keltisch-christlichen Legende von Saint Bride.

Legende von Saint Bride

Um den Kontext dieser Legende von Saint Bride zu verdeutlichen, möchte ich zunächst auf Kapitel 2 zurückkommen. Dort haben wir gesehen, wie im 12. Jahrhundert in der Schule von Chartres keltische Einflüsse harmonisch mit der christlichen Religion verschmolzen. In zwei Schriften von Alanus ab Insulis wird von der Fürsorge der Persephone in der Gestalt der Natura berichtet. Sie sieht das Überleben der Erde in Gefahr, weil sich die Menschen zunehmend vom Geist abwenden. Auf einem himmlischen Konzil wird ein neuer Mensch gezeugt, der als göttliches Wesen auf die Erde herabsteigen soll, um der Menschheit als Vorbild zu dienen und die Verbindung zwischen Erde und Kosmos wiederherzustellen.[9] Dieses göttliche Wesen ist Jesus Christus.

Der Evangelist Lukas beschreibt, dass alle himmlischen Hierarchien bei seiner Geburt anwesend waren. Es entspricht der Schau von Alanus, dass auch Natura bei der Geburt anwesend ist, denn sie war es, die sah, dass die Erde der Erlösung harrt. In der christlichen Literatur wird dies nicht erwähnt, wohl aber in einer Legende aus der keltisch christlichen Tradition.[10] Ich fasse hier die Geschichte von Saint Bride zusammen, die als Hebamme bei der Geburt Christi anwesend war. Man vermutet, dass Saint Bride dieselbe ist wie Persephone-Natura.

Ein junges Mädchen, das später als Saint Bride bekannt wurde, musste mit ihrem Vater aus Irland fliehen und wurde nach einem Schiffbruch in Schottland, auf Iona, der Insel der Druiden, angespült. Bei der Ankunft auf dieser unwirtlichen Insel sieht der Vater seine kleine Tochter, die noch nicht laufen und sprechen kann, knien und ein Lied singen: Eines Tages wird mein Mantel über den Herrn der Welt, den König der Elemente, gelegt werden und er wird an meinem Herzen ruhen. Der Erzdruide Cathal und seine Priester auf Iona begriffen, dass dieses besondere Mädchen das unsterbliche Kind sein musste, das einst vorausgesagt wurde. Das Kind sollte auf der Insel bleiben und wurde fortan Bride genannt, was

so viel wie ‹erhabene Göttin› bedeutet. Sie verbrachte ihre Tage als Hüterin der Schafe und Kühe auf den grünen Hügeln und wuchs zu einem wunderbaren und frommen Mädchen heran, so rein wie eine Blume. Die Sonne und der Wind waren ihre Lehrmeister.
Eines Morgens stieg sie, weiß gekleidet und mit einem Gürtel aus heiligen Vogelbeerzweigen, den steilen Hang des Dun-I hinauf. Dort traf sie auf drei junge Druiden, die bereit standen, bei den ersten Sonnenstrahlen das heilige Feuer zu entzünden. Während die Flammen nach oben loderten, erlebte Bride die göttliche Liebe, die jeden Tag die Welt erhellt und die sie zutiefst rührte. Sie machte sich auf den Weg zu einer nahe gelegenen Quelle, um zu trinken, und erschrak, als sie nicht nur ihr eigenes Spiegelbild, sondern auch das einer schönen Frau sah. Tief bewegt lief sie zum Vogelbeerstrauch und sah, dass sich seine Zweige zu einem grünen Bogen verflochten hatten und aus den Beerenbüscheln ein Strom von Blutstropfen auf den Boden fiel. Da flog eine weiße Taube unter dem Bogen hindurch, und Bride folgte ihr, hingerissen und erfüllt von dem Geheimnis, das sie gerade erlebte, in ein unbekanntes Land. Von da an wurde sie ein Jahr und einen Tag lang nicht mehr von ihrem Vater gesehen.
Sie erwachte am heißen Strand eines von Hitze und Dürre verwüsteten Landes und ging mit einem Mann zu seiner Herberge in Bethlehem. Dieser Mann, der hier ihr Vater war, gab ihr einen Krug mit einem letzten Rest klaren Wassers. Sie musste es für sich behalten und durfte es nicht an andere Gäste weitergeben, noch durfte sie Gäste in die Herberge einlassen. Eines Nachmittags hörte Bride ein Klopfen an der Tür des Gasthauses. Dort standen ein erschöpfter Mann mit einem Esel und eine junge Frau namens Maria, die hochschwanger war. Sie erkannte die Frau an dem schönen und lieblichen Gesicht. Es war das Gesicht, das sie einst am Brunnen gesehen hatte. Sie führte sie in einen sauberen Stall und gab ihr das letzte Wasser, das sie hatte. Augenblicke später brachte Maria das Kind zur Welt und übergab es der Bride. Während Maria noch eine Weile schlafen konnte, stillte Bride das Kind, wickelte es zärtlich in ihren Mantel und summte ein Schlaflied. In dieser Nacht starb der Erzdruide Cathal, nachdem er dieses Ereignis zu seiner Freude in einer Vision gesehen hatte. Am nächsten Morgen nahm Maria das Kind wieder an sich, küsste Bride auf die Stirn und sagte: ‹Bride, meine liebe Schwester, von nun an bis in alle Ewigkeit wirst du ‹Muime Chriosd› (Pflegemutter Christi) genannt werden›.

Abb. 22. Gemälde von John Duncan aus dem Jahr 1913: Saint Bride. National Galleries of Scotland, 122,3 × 144,5 cm. Die Heilige Bride wird von zwei Engeln getragen.

Auf dem farbenfrohen Gemälde des Schotten John Duncan aus dem Jahr 1913 sehen wir, wie Saint Bride in der Weihnachtsnacht von Engeln von der Insel Iona nach Bethlehem getragen wird. Der Namenstag von Saint Bride läutet den keltischen Frühling am 1. Februar, dem Tag vor Maria Lichtmess, ein.

Was mir an dieser Legende auffällt, ist der Kontrast zwischen der Bride am Morgen auf Iona und der Bride in der Nacht in Bethlehem. Am Morgen befindet sie sich in der irdischen Realität und durchläuft eine Einweihung, ohne zu wissen, dass sie dadurch auf den Empfang des Christuskindes vorbereitet wird, dem sie im Traum begegnet. Der Traum – oder war es eine Vision – führt sie in die Welt der Nacht, in die Welt des Unterbewusstseins, in die wir im Schlaf abtauchen. Bride kann sich zwischen diesen beiden gegensätzlichen Welten hin und her bewegen, und genau das ist es, was Persephone auszeichnet! Diese Legende knüpft an das in der Schule von Chartres gelebte Bild von Natura-Persephone an, die den neuen göttlichen Menschen bis zu seiner Geburt auf der Erde in der Weihnachtsnacht begleitet.

Was bedeutet der Mittwinter für den Menschen und die Erde?

Der Mittwinter ist das Fest, an dem wir uns daran erinnern, dass sich ein hohes, geistiges Sonnenwesen aus Liebe mit dem Schicksal der Erde und der Menschheit verbunden hat und Licht in die dunkle Erde brachte. Rembrandt als Meister des Lichts hat den Moment, in dem die Hirten um die Krippe stehen, als ein intimes Ereignis dargestellt (siehe Abb. 23). Wir finden diesen Akt der Liebe in dem Lied wieder, das die Hirten von den Engeln aus dem Himmel hörten: *Fürchtet euch nicht! Friede sei auf Erden!* Die Geburt des Christuswesens, das zum Vorbild für den neuen Menschen werden sollte, fand in der dunkelsten Zeit des Jahres statt. Das göttliche Wesen wurde als ‹Heiland› begrüßt, weil es kam, um die Menschen und die Erde zu heilen. Das bedeutet, dass jeder Mensch die Geburt des Christus in seiner Seele erleben kann. Dies wird ein neues Sehen und ein neues Hören wecken, durch das die Menschen beginnen, die Welt als lebendig zu erfahren.[11]

Weihnachten, als der Moment, in dem das neue, kosmische Licht auf die Erde kam, hat nicht nur für die Menschheit, sondern auch für die Erde selbst eine große Bedeutung! Mit der Geburt des göttlichen Wesens auf der Erde begann eine neue Verbindung zwischen Erde und Kosmos. Diese vom Christuswesen hergestellte Verbindung ist das Feld, auf dem Persephone tätig ist, um die Pflanzen wieder *in die richtige Orientierung* zu bringen. Das heisst, dass die Pflanzen sich nicht mehr rein aus dem Irdischen heraus entwickeln müssen, sondern dies wieder in Verbindung mit ihrem kosmischen Ursprung tun können. Ohne diesen Liebesakt des Christuswesens wäre keine Verbindung zwischen Erde und Kosmos möglich – nicht für Menschen und nicht für Pflanzen. Weihnachten erinnert uns jedes Jahr in der Winterzeit an diesen großen Impuls für Mensch und Erde.

Abb. 23. Die Anbetung der Hirten. Rembrandt, 1646. Nationalgalerie, London.

Persephone und Christus

In Kapitel 2 wurde bereits erwähnt, dass Rudolf Steiner in einem Artikel im Jahr 1924 erklärt, dass das Herabsteigen des Logos, des Christuswesens, auf die Erde als physischer Mensch ein einmaliges Ereignis war. Das ganze Golgatha-Mysterium von Geburt, Tod und Auferstehung des Christuswesens ist Teil des viel größeren kosmischen Rhythmus der Entwicklung der Menschheit durch die verschiedenen Epochen. Aber, so Steiner, wir sehen auch bei Persephone einen ähnlichen Abstieg und eine ähnliche Auferstehung, allerdings in einem Jahresrhythmus, weil sie dem Rhythmus der Erde mit dem Pflanzenleben folgt.[12]

Wenn wir um die Wintermitte das einmalige Moment der irdischen Geburt dieses Christuswesens feiern, kann dies mehr sein als die Erinnerung an das, was damals geschah. In einem Vortrag zur Osterzeit 1923 geht Rudolf Steiner auf den jährlichen Atmungsprozess der Erde ein.[13] Er beschreibt, dass es sich nicht um das Ein- und Ausatmen von Luft handelt, sondern um das Ein- und Ausatmen jener Kräfte, die zusammen die Seele der Erde bilden. Um den Zeitpunkt des Mittwinters hat die Erde ihre Seele vollständig eingeatmet und hält sie fest. Was das bedeutet, habe ich weiter oben in diesem Kapitel beschrieben, nämlich dass die Erde dann äußerlich tot, aber innerlich voller Lebenspotenzial ist. Erst im Frühling strömen diese Seelenkräfte mit dem Erscheinen des Pflanzenlebens wieder aus der Erde heraus.

Durch sein Kommen auf die Erde hat sich Christus mit der Erde verbunden, und die Seelenkräfte der Erde sind ‹verchristlicht› worden. Der Christus-Impuls ist also eng mit den Seelenkräften der Erde verbunden. Weil diese Seelenkräfte in der Winterzeit ‹nahe› sind, eingeatmet werden, wird die damit verbundene Christuskraft jedes Jahr im Dezember von den Menschen erlebt. Auch Persephone ist mit den Seelenkräften der Erde verbunden. So wirkt Persephone für die Erde im Christusstrom, der sich mit dem Ein- und Ausatmungsprozess der Erde bewegt.

Präparate in der Christus-Erde

Weiter oben in diesem Kapitel haben wir dargelegt, dass sich die Erde in der Mitte des Winters in einer Art Saatzustand befindet. In Anlehnung an das oben Gesagte können wir die Erde um die Zeit des Mittwinters auch als ‹Christus-Erde› bezeichnen. Und genau zu dieser Zeit, in der die Erde ihre Seele festhält und in sich gekehrt ist, liegen das Hornmistpräparat und einige der Kompostpräparate in der Erde und werden von den besonderen kosmischen Kräften des Christus-Impulses durchdrungen!

Dieser kosmische Impuls gibt die Richtung für die zukünftige Menschheitsentwicklung vor. Wenn der Mensch aus der Freiheit heraus zu selbständigem Urteilen und Handeln kommt, kann er lernen, die Erde als beseeltes, lebendiges Wesen nicht nur im Denken zu betrachten, sondern auch entsprechend zu handeln. Dann werden auch die Erde und die damit verbundene Pflanzenwelt selbst Teil dieses menschlichen Prozesses. Dies nennt Steiner die Rückführung der Pflanzen *in ihre ursprüngliche Orientierung* durch Persephone.[14] Persephone tut dies nicht losgelöst vom Menschen. Wir als Menschen sind aktiv daran beteiligt. Wir haben gesehen, dass gerade die biodynamischen Feldpräparate als Medizin dazu gedacht sind, die Erde und die Pflanzen von dem Zwang zu befreien, sich einseitig aus dem irdischen Element zu entwickeln (Kapitel 5). Das Hornmistpräparat mit seinem irdischen, sommerlichen Mist gibt während der Jungpflanzenentwicklung den ersten Anstoß für eine harmonische Pflanzenentwicklung. Später in der Vegetationsperiode folgt der Impuls des Hornkieselpräparats, das mit seinem winterlichen, kosmisch-kristallinen Kieselmehl die Pflanzenreifung unterstützt.

Der Christus-Impuls, der die Mitte zwischen den kosmischen und den irdischen Kräften markiert, oder besser gesagt, diese beiden Kräfte miteinander verwebt, leitet auch die Arbeit der Naturwesen. Sie sind auf die moralische Führung durch höhere Wesen angewiesen. Die biodynamischen Feldpräparate sind herausragende Instrumente von Persephone, um den Naturwesen Nahrung und Orientierung zu geben, weil sie aus der Integration irdischer und kosmischer Kräfte entstanden sind.

Die Arbeit mit den Präparaten hat Auswirkungen, die weit über das hinausgehen, was in der Welt der Naturwesen geschieht. Daran erinnerte mich Manfred Klett, ehemaliger Leiter der Sektion Landwirtschaft der anthroposophischen Bewegung, in einem Gespräch, das ich kürzlich (2020) mit ihm über Persephone führte. Er sagte: *Wenn wir die Präparate wirklich aus Freiheit und mit Liebe herstellen und anwenden, dann werden Elementarwesen geschaffen, die Christus dienen.*[15] Dieses Erscheinen der neuen Elementarwesen hat Rudolf Steiner bereits 1911 in einem Vortrag vorausgesagt. Er wies darauf hin, dass gegen Ende des zwanzigsten Jahrhunderts, wenn die Verfinsterung des Geistes vorbei ist, neue Möglichkeiten der Verbindung zwischen Mensch und Kosmos entstehen und neue, Christus dienende Wesen auftauchen werden:

> *Der Mensch, dessen Geist erwacht ist, wird in den Vorgängen der Natur Wesen einer neuen Ordnung zu sehen vermögen. Während der Mensch, der noch nicht hellsichtig geworden ist, mehr und mehr erfahren kann, dass trotz aller melancholischen Gefühle über den fortschreitenden Sterbe-*

prozess etwas Verjüngendes in der Natur vorhanden ist, wird der Mensch, dessen hellseherische Fähigkeiten erwacht sind, neue Elementarwesen aus der sterbenden Natur hervorgehen sehen. Während in der äußeren physischen Natur von der großen Veränderung zur Jahrhundertwende relativ wenig zu spüren sein wird, spürt die geistig erwachte Seele: Die Zeiten ändern sich, und wir Menschen haben die Aufgabe, geistiges Wissen vorzubereiten. Es wird immer wichtiger werden, solche Dinge wahrzunehmen und in unserem Bewusstsein zu tragen. Denn es steht dem Menschen frei, solche Dinge entweder zum Heil der Menschheit aufzunehmen oder sie vorbeiziehen zu lassen, was zur Katastrophe führen wird.[16]

Menschen, die aktiv mit Naturwesen arbeiten, wie Thomas Mayer[17] und Marko Pogačnik[18], haben diese Veränderungen erlebt. Sie erleben diese neuen Wesen überall, nicht nur in der Natur, sondern auch in Häusern und Gärten im städtischen Bereich. Mayer nennt diese neuen Wesen *Christus-Elementarwesen*. Er erlebt, dass sie Harmonie, befreiende Sanftheit, Güte und Heiligkeit in der Landschaft verbreiten. Und für die menschliche Seele haben sie eine wohltuende, befreiende, ausgleichende und heilende Wirkung. Er sieht diese Wesen als ‹Angebot› aus der geistigen Welt, stellt aber fest, dass sie vom Menschen aktiviert werden müssen und wollen, zum Beispiel durch eine Begegnung aus dem Herzen.

Die Aufgabe der biodynamischen Landwirtschaft

Die Erkenntnis, dass Persephone in den entscheidenden Mittwinter-Impuls der Geburt Christi auf Erden involviert ist und dass die Präparate in der Christus-Erde liegen und vom Christus-Impuls durchdrungen sind, wirft für mich ein neues Licht auf die spirituelle Bedeutung der biodynamischen Präparate. Ich hatte schon immer vermutet, dass die Präparate zentral für die biodynamische Landwirtschaft sind, aber jetzt entfaltet sich für mich ein beeindruckender Zusammenhang. Schließlich habe ich in Kapitel 4 bereits beschrieben, dass die Präparate Werkzeuge der Persephone sind, um die Pflanzen *in ihre ursprüngliche Orientierung* zu bringen. Dann haben wir gesehen, dass die Präparate nicht nur auf das Gleichgewicht des Pflanzenwachstums einwirken, sondern auch, wie sich ihr integrierender Impuls durchsetzt, wenn diese Pflanzen als Nahrung dienen. Solche Nahrung dient der menschlichen Entwicklung in dem Bemühen, die drei Seelenqualitäten zu integrieren (Kapitel 5). Mit dem, was ich in diesem Kapitel beschreibe, wird sichtbar, dass Persephone und mit ihr die biodynamischen Präparate im Dienst des Erde und Kosmos verbindenden Christus-Impulses stehen. Daher könnte man sagen, dass die Arbeit mit den Präparaten ein kultischer Akt ist. Dabei haben die biodynamischen Präparate eine große Wirkung in der Welt der Naturwesen. Wenn wir all dies erkennen, kann es ein großer Anreiz für biodynamische Landwirte sein, sich mit den Präparaten zu verbinden, indem sie sie selbst herstellen und anwenden!

Kapitel 7 Persephone und der österliche Auferstehungsimpuls

Im Mittelpunkt des vorangegangenen Kapitels stand das Bild der Persephone als Naturgöttin, als Hüterin des pflanzlichen Lebens und Pflegerin der natürlichen Lebensprozesse. Genau wie in der Winterzeit kann man sich Persephone auch zu Ostern unter diesem Gesichtspunkt nähern. Denn im Frühling, wenn die Natur erwacht, erhebt sie sich aus der Wintererde und verbindet sich wieder mit dem knospenden Gewand der Pflanzen. Es gibt aber auch noch einen anderen Aspekt der Persephone, den ich gerade in diesem Kapitel über den österlichen Auferstehungsimpuls hervorheben möchte, nämlich das Sterben und wieder Verlebendigen des Denkens. Rudolf Steiner hat mehrfach darauf hingewiesen, dass Persephones Raub aus der Oberwelt in die Unterwelt ein Bild dafür ist, was mit der ursprünglichen Hellsichtigkeit des Menschen geschehen ist. Die selbstverständliche Verbindung des Menschen zur Geistwelt musste notwendigerweise wie untertauchen in die Unterwelt, in den unbewussten Teil unserer Seele.[1] Und so wie die Natur im Frühling wieder auflebt, kann auch diese Fähigkeit der menschlichen Seele ‹wieder auferstehen›. Dann erscheint ein lebendiger Gedanke in der Seele, so wie Persephone in den Lebenskräften der Frühlingsnatur erscheint. Auf diesen inneren Auferstehungsprozess möchte ich in diesem Kapitel schauen. Ich beginne dabei in der Antike. Wie haben die Menschen der Antike die Auferstehung der Natur und die der Seele erlebt?[2]

Ostern im Herbst und Ostern im Frühling

Schon vor Beginn unserer Zeitrechnung gab es Feste, die an unsere Osterfeiern erinnern. Das war zu einer Zeit, als die alten, vorchristlichen Religionen sich stark auf die Naturrhythmen konzentrierten und ein starkes Erleben der Unsterblichkeit der menschlichen Seele hatten. Eines dieser Feste war das Fest des Adonis, das ausgehend von den antiken Mysterienorten überall in den alten Religionen gefeiert wurde. Adonis ist auch in der griechischen Mythologie bekannt.[3] Dieses Fest wurde im Herbst gefeiert, wenn die Natur abgestorben war und die Bauern ihre Ernte eingebracht hatten. Bei diesem Adonisfest vergruben die Menschen die hölzerne Statue eines Gottes in Menschengestalt und gruben sie nach drei Tagen wieder aus. Während dieser drei Tage wurde um die Toten getrauert, dann wurde freudig die Auferstehung gefeiert: Der Gott ist für uns auferstanden! So erlebten die Menschen, dass die Seele des Menschen drei Tage nach dessen Tod in der geistigen Welt wieder erwacht. Das Fest machte den Menschen bewusst, dass sie als Menschen anders sind als die Natur. Denn wenn die Natur stirbt, muss sie monatelang warten, bevor sie im Frühling wieder zum Leben erwacht. Wenn ein Mensch stirbt, stirbt der physische Leib, aber die Seele erhebt sich nach drei Tagen wieder, im Geist.

Dass das christliche Osterfest im Frühling gefeiert wird, hat sich erst im 8./9. Jahrhundert durchgesetzt. Da die Menschen zunehmend die einst natürliche Verbindung zur geistigen Welt verloren hatten, verstanden sie nicht mehr, warum die Auferstehung im Herbst gefeiert wurde. Wohl erkannte man die Auferstehung der Natur im Frühling, und so wurde das Auferstehungsfest dorthin verlegt. Die Natur war zum Leitfaden für das Bild der Auferstehung geworden. Aber man war sich der kosmischen Dimension dieses Festes und damit der Rolle von Sonne und Mond weiterhin bewusst. Dies führte zu der Festlegung, dass Ostern auf den ersten Sonntag nach dem ersten Vollmond nach dem 21. März fällt, dem Tag, an dem die Tage wieder länger werden als die Nächte.[4]

Das Mysterium von Golgatha

Seit dem Mysterium von Golgatha mit dem Tod und der Auferstehung Christi hat Ostern eine neue Bedeutung bekommen. Was ist das Mysterium von Golgatha? Im vorigen Kapitel haben wir den Beginn des irdischen Lebens Christi beschrieben, der sich liebevoll für das Schicksal der Erde und der Menschheit eingesetzt hat. Genauso wichtig sind im Christentum die Ereignisse am Ende seines irdischen Lebens, sein Tod und seine Auferstehung. Dieses Ende begann mit einem Siegeszug durch Jerusalem, bei dem er von einer großen, freudigen Menschenmenge begleitet wurde, die Christus mit Palmzweigen den Weg ebnete. Wir nennen diesen Tag Palmsonntag, den Sonntag vor dem Ostersonntag. Am

Tempel angekommen, verjagte er die Geldhändler, den Tempel zu reinigen. Er zog dort so viele Menschen an, dass die etablierten religiösen Autoritäten alarmiert waren. Sie forderten die weltlichen Behörden auf, ihn wegen Gotteslästerung vor Gericht zu stellen, weil er sagte, er sei Gottes Sohn. Bevor er gefangen genommen wurde, hielt er mit seinen 12 Jüngern das letzte Abendmahl. Schließlich wurde er vor Gericht gestellt, zum Tode verurteilt, ausgepeitscht, gekreuzigt und starb an dem Tag, den wir heute Karfreitag nennen. Golgatha ist der Ort, an dem die Kreuzigung stattfand, außerhalb der Mauern des damaligen Jerusalem.

Seine Freunde erhielten die Erlaubnis, ihn in ein Grab zu legen, das streng bewacht wurde, weil die Behörden befürchteten, dass seine Anhänger den Leichnam stehlen würden. Der Tag nach der Grablegung wird heute als Stiller Samstag bezeichnet, da die Erde und die Natur an diesem Tag den Atem anhielten. Nach drei Tagen stand er auf wundersame Weise von den Toten auf. Abb. 24 zeigt ein Gemälde von Rembrandt, auf dem Christus zum Entsetzen der Wächter aus dem Grab auf-

Abb. 24. Die Auferstehung, Rembrandt, ca. 1639; Alte Pinakothek, München.

ersteht. Man beachte, dass die strahlende Gestalt in der Mitte des Bildes ein Engel ist, der ihm hilft, indem er den Stein vom Grab entfernt. Christus selbst ist viel kleiner dargestellt, als erwachende Figur rechts. Heute nennen wir den Tag der Auferstehung Ostersonntag. Meine gläubige Großmutter begrüßte uns an diesem Tag immer mit: *Der Herr ist wahrhaftig auferstanden!* Das ist, kurz gefasst, der Bericht über den Tod und die Auferstehung Christi. Die anthroposophischen Autoren nennen dies in Anlehnung an Rudolf Steiner das Golgatha-Mysterium.

Die spirituelle Bedeutung des Mysteriums von Golgatha

Das Mysterium von Golgatha hat eine große Bedeutung für die Menschheitsentwicklung. Die Auferstehung des Christuswesens geschah mitten in einer Zeit der ‹Verfinsterung› der geistigen Welt. Diese lange Zeit der Finsternis, die Kali Yuga genannt wird, war notwendig, damit die Menschheit Freiheit im Denken und Handeln erlangen konnte. In alten Zeiten war der Mensch nur Teil eines Volkes oder einer Familie und gehorchte kollektiv dem, was die Götter durch den Priester oder König oder auf andere Weise als richtig verkündeten. Der Mensch war in der Lage, dieses Schicksal zu überwinden, indem er allmählich zu einer selbstbewussten Individualität wurde, die während der langen Zeit der geistigen Finsternis freie Entscheidungen treffen konnte. Seine natürliche Hellsichtigkeit verschwand bei den meisten Menschen schon vor dem Mysterium von Golgatha oder war den Priestern vorbehalten. Die Lehrer von Chartres (11./12. Jahrhundert n. Chr.) machten die Erfahrung, dass es immer schwieriger wurde, Zugang zur höchsten geistigen Weisheit zu finden.

Doch die Zeit der Finsternis konnte nicht ewig andauern. Eine Wende war nötig, wenn die Menschheitsentwicklung nicht in der Materie versinken sollte. Diese Wende musste eine neue Verbindung zwischen Erde und Kosmos ermöglichen, damit die Ich-Entwicklung nicht in bloßen Egoismus und Materialismus ausartete. Das würde für die Erde bedeuten, dass sie sich weiter verhärtet und keine Zukunft hat. Um diesen Trend zu brechen, müsse etwas ‹Wesentliches› geschehen. Dies konnte nur geschehen, wenn ein hohes geistiges Wesen, das Sonnenwesen selbst, auf die Erde herabstieg und Mensch wurde. Entscheidend ist auch, dass dieses göttliche Wesen durch den menschlichen Tod hindurchging, um ihn zu überwinden. Auf diese Weise brachte das Sonnenwesen Licht in die Finsternis, in der die Menschheit lebte. In der Auferstehung verbindet sich das göttliche Sonnenwesen mit der Menschheit und dem irdischen Leben. Infolgedessen erhielt der menschliche Tod einen anderen Charakter und wurde zu einem Übergang in die nächste Existenz.

Doch mit dem Mysterium von Golgatha war das Kali Yuga nicht sofort zu Ende. Im Gegenteil, es endete erst 1899 n. Chr. Offensichtlich war es für die Menschen notwendig, sich noch tiefer mit der irdischen Materie zu verbinden. Dies geschah vor allem dadurch, dass der irdische Blick auch in die Entwicklung der Wissenschaft durchdrang. Der englische Wissenschaftler und Philosoph Francis Bacon (1561–1626) wollte mit der Sichtweise Platons aufräumen, der mit seinen ‹geistigen Urbildern› den Weg für eine höhere Wirklichkeit offen hielt. Bacon gilt als der Herold der neuen Wissenschaft. Er förderte das Experimentieren, das er als ‹*die Natur auf die Folterbank spannen*› bezeichnete, um ihr ihre Geheimnisse zu entlocken. Im Jahr 1627 wurde posthum sein Buch *Nova Atlantis* veröffentlicht, in dem er eine technologische Utopie beschrieb, die auf der Überzeugung beruhte, dass nur Wissenschaft und Technik den Fortschritt bringen würden. Eine berühmte Aussage von ihm lautet: *Wissen ist Macht*[5]. Über die menschliche Macht, die sich aus dem wissenschaftlichen Fortschritt ergeben würde, spricht auch das unten abgedruckte Zitat aus *Nova Atlantis*. Macht über die Natur, über Pflanzen und Tiere. Das Zitat scheint eine detaillierte Prophezeiung dessen zu sein, was in unserer Zeit durch die experimentelle Wissenschaft im Geiste Bacons und durch die Biotechnologie Wirklichkeit geworden ist (siehe Kapitel 8).

In dem Moment, in dem der Materialismus in der Wissenschaft des späten 19. Jahrhunderts die Oberhand gewinnt, endet die Zeit der Finsternis. Der Schleier zur geistigen Welt hebt sich und eröffnet der Menschheit die Möglichkeit, eine neue Verbindung zwischen Erde und Kosmos, zwischen Materie und Geist herzustellen. Dies ist ein Sieg des geistigen Lebens über das irdische Leben, zumindest wenn die Menschen sich dazu entscheiden. Es ist eine freie Entscheidung und bedeutet daher nicht, dass damit der Materialismus aus unserer heutigen Gesellschaft verschwunden ist.

Wir züchten künstlich Bäume und Pflanzen,
die früher oder später blühen als in der ihnen eigenen Jahreszeit
und die schneller Früchte tragen.
Wir züchten sie auch größer als normal
und ihre Früchte künstlich größer und süßer
und mit verändertem Geschmack, Farbe und Aussehen.
Viele Pflanzen züchten wir auch so,
dass sie für die Herstellung von Medikamenten geeignet sind.
Wir verfügen auch über die Mittel, um verschiedene Pflanzen
auf künstlichem Boden wachsen zu lassen,
ohne Samen als Grundlage und so viele Pflanzen herzustellen,
die sich von den gewöhnlichen unterscheiden,
und wir transformieren eine Pflanze in eine andere.
In ähnlicher Weise machen wir Tiere größer oder kleiner
als normal und anders in Farbe, Form und Verhalten.
Wir stellen auch Mischungen aus verschiedenen Arten her,
wodurch mehrere neue Arten entstehen,
und diese sind nicht unfruchtbar,
wie gemeinhin angenommen wird.
Hierbei überlassen wir nichts dem Zufall,
wir wissen im Voraus, welche Art von Organismus entstehen wird.

Auszug aus *Nova Atlantis*. Francis Bacon, 1627.

Die neue Öffnung zum Geist

Was bemerken wir davon, dass dieser göttliche Impuls zunehmend potenziell erfahrbar wird? Immer häufiger hören wir von Menschen, die Nahtoderfahrungen, eindringliche Visionen oder Traumbilder erleben, die ihnen etwas von der ‹anderen Seite› offenbaren. Dabei erleben diese Menschen die überwältigende Gegenwart eines göttlichen Lichts, eines göttlichen Wesens oder eines Engels. Für viele bedeutet eine solche Erfahrung eine Wende in ihrem Leben. Im Unterschied zu früheren Zeiten können wir uns jetzt frei entscheiden, etwas damit zu tun, es ‹liegen zu lassen› oder es sogar abzustreiten. Letzteres habe ich selbst erlebt, als ich kürzlich in einem Gespräch mit einem alten Familienmitglied erzählte, dass ich als 11-Jährige eine Nahtoderfahrung hatte (siehe Kapitel 11). Noch bevor ich von den Bildern, die ich damals sah, erzählen konnte, sagte sie beruhigend, aber bestimmt: *Mach dir keine Sorgen, das ist nur eine chemische Reaktion in deinem Gehirn!* Es ist also nicht für jeden selbstverständlich, eine solche Erfahrung als etwas aus der geistigen Welt zu sehen. Das ist für viele Menschen neu.

Aber angenommen, Sie wollen eine solche spirituelle Erfahrung für wahr halten und sich auf die Suche nach dieser anderen Realität machen. Dann erfordert das ein Umdenken, von einer materialistisch erklärbaren Realität zur Annahme einer spirituellen Dimension dieser Realität. Es geht also nicht nur darum, sie zu akzeptieren, sondern sie tatsächlich zuzulassen und zuzulassen, dass sie das eigene Denken belebt. Dann steht man am Anfang der Auferstehung vom ‹toten› zum ‹lebendigen› Denken. Ein echtes Ostermotiv! Der erste Schritt zur Umkehrung des Denkens besteht also darin, zu erkennen, dass es hinter der sichtbaren Welt eine übersinnliche Welt gibt und dass beide zusammen ein Ganzes bilden. Die eine Welt kann nicht ohne die andere existieren.

Ein nächster Schritt besteht darin, die übersinnliche Welt zu berücksichtigen und entsprechend zu handeln. Man erkennt zum Beispiel, dass man als Mensch mehr ist als nur ein physischer Körper und dass man in diesem Leben mehr will als die Abwesenheit von Krankheiten und Traumata. Man ist stattdessen jemand oder will jemand sein, der trotz Krankheit oder Traumata den Sinn im Leben erfährt. Aktiv zu sein und die Verantwortung für die Gestaltung des weiteren Lebens übernehmen zu wollen, dazu bedarf es oft erst einer Krise, in der man das Gefühl, Opfer zu sein (‹warum trifft es gerade mich?›), relativieren kann. Dies wird auch als Feuerprobe empfunden, bei der das altes Denken ‹verbrennt›.[6] Sinnhaftigkeit im Leben eines Menschen ist bereits die Erfahrung von etwas Übersinnlichem, denn Sinngebung ist nicht physisch greifbar.

Dies ist ein Beispiel für ein Umdenken in Bezug auf das eigene Leben. Auch Landwirte, die von der konventionellen auf die biologische Landwirtschaft umstellen, erleben ein Umdenken. Ein solcher Landwirt war auch Derk Klein Bramel, als er seinen elterlichen, konventionellen Betrieb in den biodynamischen Bauernhof für Menschen mit Assistenzbedarf *Urtica De Vijfsprong* in Vorden (NL) umstellte. Er machte die Erfahrung, dass er nicht mehr die Pflanzen, sondern den Boden füttern musste, denn nur ein aktives Bodenleben kann Nährstoffe aus organischem Dünger für die Pflanzen freisetzen. Und dass er nicht einfach frischen Kuhmist auf seinem Land ausbringen konnte, sondern ihn zuerst mit ausreichend Stroh kompostieren musste, denn ohne Humus im Boden gibt es kein aktives Bodenleben. Da er auch ein Betreuer war, stellte er die Verbindung zwischen der Pflege eines lebendigen Bodens und der Pflege der lebendigen Seele der Mitbewohner auf seinem Hof her. Er sah Parallelen zwischen dem Kompostierungsprozess von Stallmist und Gartenabfällen und der Verarbeitung traumatischer Erfahrungen beim Menschen. Schließlich muss man solche Erfahrungen ‹verdauen› um sie handhabbar zu machen und in sein Leben zu integrieren, damit sie nicht länger wie ein Stein im Magen liegen. Daher auch der Titel seines Buches *Humus voor de Mensheid* (Humus für die Menschheit).[7]

Umdenken in der Pflanzenforschung

Rudolf Steiner forderte im Rahmen des Landwirtschaftskurses eine Forschung zur Weiterentwicklung seiner praktischen Anregungen. Diesem Aufruf wurde auch Folge geleistet. Dabei hängt es von der jeweiligen Forschungsfrage ab, welche Methode anwendbar ist. Fragt man nach der mineralischen Zusammensetzung eines Bodens oder einer Kulturpflanze, so genügen die üblichen naturwissenschaftlichen Methoden, den Boden oder die Kulturpflanze in einem Labor zu analysieren. Wenn es aber auch um die Frage geht, inwieweit Lebens- oder Gestaltungskräfte wirksam sind, muss man andere Methoden anwenden, um solche Kräfte sichtbar zu machen. Es gibt verschiedene bildformende Verfahren, wie z. B. Steigbilder und Kristallisationsbilder.[8] In Kapitel 4 wurde über die Anwendung der Steigbildmethode in der Salatforschung am Louis Bolk Institut berichtet.

Landwirte fragen manchmal: *Wie kann man durch Forschung nachweisen, dass die Lebenskräfte in einer Pflanze mehr oder weniger stark wirken?* Mit bildformenden Forschungsmethoden macht man sie von Laborergebnissen abhängig. Das wollte ich nicht, also habe ich nach einer Methode gesucht, die es den Landwirten ermöglicht, selbst auf dem Feld zu sehen, wie es um die Lebens- und Formkräfte der Pflanze bestellt ist. Wie sollte man also die Pflanze betrachten? Um dies zu erläutern, möchte ich hier etwas ausführlicher auf die goetheanistische oder phänomenologische Methode eingehen, als ich es bereits in Kapitel 4 getan habe.

Interessant ist in diesem Zusammenhang, dass bei einer Feier zum 100-jährigen Bestehen der Naturwissenschaftlichen Sektion am Goetheanum (Dornach, Oktober 2022) erzählt wurde, wie die Forscher Pfeiffer und Wachsmuth in den 1920er Jahren nach einem Reagenz suchten, um Lebenskräfte sichtbar zu machen. Daraus entwickelten sich bildformende Verfahren mit Kupferchlorid (Kristallisationen) und Silbernitrat (Steigbilder). Doch Jahrzehnte später sagte Jochen Bockemühl, ebenfalls ein goetheanistischer Forscher: *Nein, das Reagenz ist der Mensch selbst!* Die Methode, die er hervorhob, besteht darin, den Menschen selbst als Instrument einzusetzen und seine eigene Wahrnehmung an den Pflanzen zu schulen. Dann wird es möglich, die Lebenskräfte zu charakterisieren, die zu den verschiedenen Erscheinungsformen der Pflanzen führen.[9]

Phänomenologische Beobachtung von Pflanzen

Die goetheanistische Phänomenologie ist die Kunst der Beobachtung von Phänomenen nach Johann Wolfgang von Goethe (1749–1832).[10] Rudolf Steiner hat die von Goethe verwendete Methode philosophisch fundiert.[11] Goethe beschrieb die Metamorphosen, die eine Pflanze in ihrer Entwicklung durchläuft, anhand der Veränderungen der Blätter und gelangte so zum idealen Wesen der Pflanze: der Urpflanze, aus der er alle einzelnen Pflanzenarten ableiten wollte. Dabei ging er von zwei grundlegenden Wachstumsbewegungen aus: Zusammenziehen und Ausdehnen. Zusammenziehen und Ausdehnen vollzieht eine Pflanze rhythmisch mehrmals in ihrer Entwicklung von Samen zu Samen. Mit dem ersten Blatt dehnt sich die Pflanze unter dem Einfluss des Erd- und Wasserelements rundartig aus. Darauf folgt ein Zusammenziehen im Wachstum des Stängels, bis eine weitere Ausdehnung in Form des nächsten Blattes erfolgt. Während der Stängel nach oben wächst, dehnen sich die Blätter mehr und mehr aus. Doch jedes weitere Blatt am Stängel steht mehr unter dem Einfluss des Lichts, was sich in der Bildung von immer mehr Einschnitten am Blattrand äußert. Auf diese Weise erhält das Blatt mehr Form (Abb. 25).

Abb. 25. Blattfolge der Acker-Gänsedistel *(Sonchus arvensis)*.

Irgendwann ist ein Höhepunkt der zunehmenden Blattentfaltung zu erkennen, nach dem sich das Wachstum verlangsamt. Jedes folgende Blatt wird kleiner, aber auch feiner in der Form. Dann ‹springt› die Pflanze auf die nächste Gestaltungsebene, und auch hier sind Zusammenziehen und Ausdehnen zu beobachten. Die Blüte erscheint zunächst zusammengezogen, als Blütenknospe. Dann öffnet sie sich in strahlender Ausdehnung.

In Abb. 26 der Pfingstrose ist das letzte Stängelblatt (1) neben den Kelchblättern, Blütenblättern und Staubgefäßen einer Blüte angeordnet.[12] An dieser außergewöhnlichen Pflanzenart kann man sehen, was bei den meisten Arten in einem Sprung geschieht. Der Übergang von den Stängelblättern zu den Kelchblättern und dann zu den Blättern der Blütenkrone ist hier allmählich. Die Blätter (2–8) zeigen noch das Grün der Stängelblätter und zunehmend das Rosa-Rot der Blütenblätter.

Bei Kelchblatt 8 ist der Blattstiel nur noch als Punkt in der Einstülpung links sichtbar. Ab Blatt 9 bilden sich die Blütenblätter, die ab Blatt 11 allmählich immer mehr eingeschnitten werden und sich zusammenziehen. Die Blätter 16–19 sind Übergangsformen zu einem Staubblatt (20). Es handelt sich also um eine Metamorphose, die von der Kontraktion des letzten Stängelblattes zur Ausdehnung der Blütenblätter und dann wieder zu einer Zusammenziehung führt, aus der die Staubblätter hervorgehen.

Abb. 26. Links: Pfingstrose, Albrecht Dürer. Rechts: Blattmetamorphose einer Pfingstrose *(Paeonia lactiflora)* vom letzten Stängelblatt bis zur Basis der Blütenknospe (1). Die Blätter 2–9 zeigen den Übergang vom Stängelblatt über die Kelchblätter zum Blütenblatt. Ab 10 bilden sich die Blütenblätter, die zwischen 11–15 immer tiefer eingeschnitten werden. 16–19 sind Übergangsformen zu den Staubblättern (20).

Die Bildung eines Staubblattes aus den Blütenblättern ist auch in Abbildung 27 der Seerose deutlich zu sehen. Die Zusammenziehung zu den Staubblättern setzt sich bis zur Bildung des Stempels fort. Bei der Fruchtbildung und Fruchtreife folgt eine weitere Ausdehnung und schließlich kann man eine letzte, sehr starke Zusammenziehung bei den in der Frucht verborgenen Samen erleben. Das Pflanzenwachstum ist also wie man sieht eine allmähliche Verwirklichung der übersinnlichen Idee mit Hilfe der Materie. Die Idee ist das Wesen, das als wirksames Prinzip oder als wirksame Kraft hinter der Erscheinung der Pflanze steht. Die Blume ist dann der höchste Ausdruck der Idee.

Abb. 27. Die Metamorphose von Blütenblättern zu Staubblättern bei der Seerose *(Nymphaea alba)*.

So ist die Erscheinung der Pflanze im Raum jedes Mal anders. Man kann diese Erscheinungen als getrocknetes Material, als Zeichnungen oder in Gedanken sammeln und sie in die zeitliche Reihenfolge der Erscheinung bringen. Um sich dem Wesen einer Pflanze zu nähern, muss man diese Formenreihe so in sich aufnehmen, dass man die Gestik der Pflanzenentwicklung durch diese Momentaufnahmen erleben und zu sich sprechen lassen kann. Dabei muss man jedoch sein Denken frei von Urteilen und Wertungen machen, also alles ausschalten, was man bereits weiß. So entsteht ein meditativer Raum, in dem sich die Bilder selbst aussprechen können. Manchmal ist dies nicht sofort möglich – dann ist es am besten, diese innere Aktivität über einen längeren Zeitraum zu wiederholen. So wie ein Bühnenschauspieler sich in die Gesten der Figuren vertieft, die er zu spielen hat, kann sich ein Pflanzenliebhaber oder Pflanzenforscher in die Gestik der Pflanzen vertiefen und sie innerlich nachahmen. Man erforscht dann in sich selbst, was diese bestimmte Geste mit einem macht und wie man sie charakterisieren würde, wenn man sie in Worte fassen müsste. Man versucht dann, die Sprache der Natur zu verstehen und in Worte zu fassen. Das kann jeder lernen! Das alte Buch von Frits Julius[13] kann dabei sehr hilfreich sein, ebenso wie die Veröffentlichungen von Jochen Bockemühl[14]. Dann lernt man die Sprache der Pflanze kennen, wie es Guido Gezelle in seinem Gedicht *Als de ziele luistert* (Wenn die Seele lauscht)[15] so schön ausdrückt.

Wenn die Seele lauscht

Wenn die Seele lauscht
spricht alles was lebt eine Sprache,
selbst das leiseste Flüstern
hat Sprache und Bedeutung:
die Blätter der Bäume
plaudern geschwind miteinander,
die Wogen des Wassers
klatschen laut und wohlwollend,
Wind und Wiese und Wolken,
Abdrücke von Gottes heiligem Fuß,
sprechen und deuten
das tiefgründige Wort so süß …
wenn die Seele lauscht!

Nahrungspflanzen anders betrachten

Nach diesem Zwischenspiel über die phänomenologische Beobachtung kehren wir zum Thema des Umdenkens in der Pflanzenforschung zurück. Für einen biodynamischen Landwirt bedeutet der Anbau einer Kulturpflanze: die individuelle Natur der Pflanzenart bestmöglich zum Ausdruck zu bringen. Als Landwirt strebt man nach optimaler Qualität, indem man für jede Pflanze ein spezifisches Gleichgewicht zwischen Quantität und Qualität, zwischen Wachstums- und Reifekräften herstellt (siehe auch Kapitel 5). In der ersten Phase des vegetativen Wachstums legt man den Schwerpunkt auf die materielle Stoffbildung und in der zweiten Phase, der Differenzierungsphase, auf das Entstehen stärker geformter Strukturen, wie den Blüten und auch den schon feineren oberen Blättern, siehe Abb. 28. Bei der Reifung einer Frucht findet man eine feinstoffliche Bildung in der Geruchs- und Geschmacksentwicklung wieder.[16]

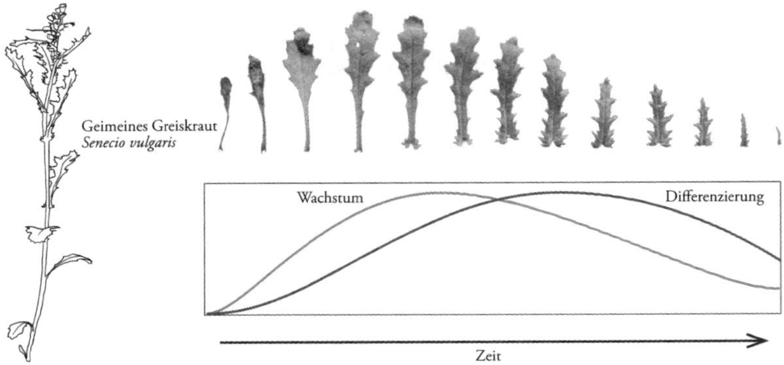

Abb. 28. Links: Gemeines Greiskraut (Kreuzkraut) *(Senecio vulgaris)*. Rechts: Die Blattentwicklung des Kreuzkrautes, wobei im Diagramm die Zunahme des Wachstums und bei dessen Abnahme die Zunahme der Differenzierung in der Pflanze dargestellt ist.

Doch trotz der Betonung der Wachstumskräfte im ersten Entwicklungsstadium dürfen die Gestaltungskräfte nicht zu kurz kommen. Und in der Phase der Reifung, Frucht- und Samenbildung ist auch die Erdung notwendig. Es geht also um die Integration von Wachstums- und Reifungstendenzen in der Pflanzenentwicklung. Das optimale Gleichgewicht liegt für jede Pflanzenart anders.

Als Beispiel können wir zwei Blattpflanzen vergleichen und in ihrer Wachstumsgebärde charakterisieren: Weißkohl und Kopfsalat (Abb. 29). Zunächst fällt auf, dass beide Kulturen im Blattstadium geerntet werden, einem Stadium, das man sich botanisch als vergrößerte Hauptknospe der Pflanze vorstellen kann. Aufgrund der aufschwellenden, umhüllenden und sich schließenden Blätter kann man Kohl und Kopfsalat als eine ‹Frucht im Blattbereich› betrachten. Das Gewicht unterscheidet sich jedoch beträchtlich: Der saubere, luftige Kopfsalat wiegt etwa 120–200 Gramm, während der viel irdischere und festere Kohl zwischen 800–1.200 Gramm wiegt; oder noch schwerer, bis zu etwa 5 Kilogramm, im Falle der großen Kohlköpfe, die für Sauerkraut bestimmt sind. Wenn ich versuche, die charakteristische Wachstumsgebärde dieser beiden Kulturen in einem Verb und einem passenden, charakteristischen Adjektiv auszudrücken, komme ich zu folgendem Ergebnis. Beim Kopfsalat erlebe ich als Wachstumsgebärde ‹luftig ausbreitend umhüllen› und bei einer Weißkohlpflanze ‹stetig aufschwellend zusammenballen›.

Abb. 29. Oben links: Weißkohl, ganze Pflanze; rechts Querschnitt. Unten links: Kopfsalat, ganze Pflanze; rechts Querschnitt.

Die Kunst für den Gärtner besteht darin, diese Unterschiede in geeignete Anbaumaßnahmen umzusetzen. Kopfsalat ist ein Schnellwüchsiger und braucht daher täglich viel Dünger, Wasser und Licht. Er gedeiht am besten im Frühjahr mit zunehmender Sonneneinstrahlung an einem geschützteren Platz in luftigem Boden. Kohl hingegen braucht eine lange Wachstumszeit. Er sollte vor dem längsten Tag gepflanzt und angebaut werden und wird erst spät im Herbst geerntet. Kohl gedeiht am besten auf kräftigem, gut gedüngtem Lehmboden in einer offenen Landschaft mit Wind und Regen.

Persephone: Auferstehung in der Natur und in der Seele

In den obigen Ausführungen habe ich Beispiele für das Umdenken vom ‹toten› zum ‹lebendigen› Denken gegeben. Ich betrachte diesen Übergang als einen Auferstehungsprozess in der Seele. Man sieht nicht mehr nur die materielle Erscheinung einer Pflanze, sondern beginnt, nach ihrem übersinnlichen Wesen zu suchen. Diese Auferstehung ist notwendig, um – für denjenigen, der das will - unsere Seele wieder mit der kosmischen Weisheit zu verbinden. Die Entwicklung eines lebendigen Denkens geschieht natürlich nicht über Nacht. Das ist eine neue Sprache, die wir lernen müssen. Persephone-Natura hat vorausgesehen, dass dies im Laufe der Menschheitsentwicklung notwendig werden würde. Sie befürchtete, dass die Lebensschicht der Erde nicht zu retten sei, wenn das Handeln des Menschen nicht von höchster, sprich: kosmischer Weisheit durchdrungen sei. Daher bat sie mit Hilfe der Weisheitsgöttin Sophia Gott um einen neuen Menschen (siehe Kapitel 2).

In der Einleitung zu diesem Kapitel wurde neben die Persephone, die im Frühjahr die Auferstehung der Natur begleitet ein zweites Bild von Persephone gestellt, die Göttin, die in der früheren Menschheit die hellsichtige Verbindung zum Kosmos verkörpert. Diese Fähigkeit war in die Unterwelt des Unbewussten verbannt worden, was der Mythos mit dem Raub der Persephone zum Ausdruck bringt. Das neue lebendige Denken kann als ein Schritt zu einer neuen Hellsichtigkeit gesehen werden. Hier liegt für mich der Schlüssel zur Verbindung von der ‹Natur-Persephone› und der Persephone als Bild des Menschen, der in seiner Seele einen Auferstehungsprozess durchläuft. Ein solcher Mensch, frei und selbstbewusst, kann nun auch die Erde anders sehen und behandeln, nämlich als ein lebendiges und beseeltes Wesen.

Es ist erstaunlich, dass Rudolf Steiner in dem Moment, als das materialistische Denken in der Landwirtschaft mit der Entwicklung von chemischen Dünge- und Pflanzenschutzmitteln die Oberhand gewann, den *Landwirtschaftlichen Kurs* als Gegenpol zu demjenigen gab, was sich abspielte. Er gab die Richtung vor für eine zukunftsorientierte Landwirtschaft, in der der Mensch die Verbindung zwischen der irdischen und der kosmischen Welt in seinem Denken, Fühlen und Handeln frei gestalten will. Der Mensch, der sich für diesen Weg entscheidet, nimmt die Erde mit in die Entwicklung, die die Menschheit durchläuft. Damit befreit er die Pflanzenwelt aus der Fessel der rein irdischen Perspektive. Dies kann als ein ‹Gottesdienst für Persephone› gesehen werden, die die Pflanzen wieder in ihre ursprüngliche Orientierung zurückbringen will. Möglich wird dies durch den Impuls, der vom Mysterium von Golgatha ausgeht.

Kapitel 8 Persephone und die Integrität der Pflanzen

Als 1998 die ersten Berichte über die sogenannte Terminatortechnologie[1] auftauchten, war die Empörung weltweit groß. Amerikanische Biotechnologen hatten Pflanzensamen gentechnisch so verändert, dass sie keimen und Nutzpflanzen produzieren konnten. Doch die Samen, die solche gentechnisch veränderten Pflanzen ihrerseits hervorbringen, können nicht mehr keimen (‹Selbstmord-Samen›). Das liegt daran, dass das eingefügte Gen den Embryo im neuen Samen abtötet. Dies war als eingebauter Schutzmechanismus gegen Landwirte gedacht, die ihr eigenes Saatgut aus diesen Pflanzen gewinnen wollten, um nicht ständig neues Saatgut kaufen zu müssen. Dieser Mechanismus sollte auch vor konkurrierenden Saatgutunternehmen schützen, die solche Sorten kopieren oder in ihrem Züchtungsprogramm verwenden wollten.

Der Einsatz dieser Art von Technologie, um Saatgut unfruchtbar zu machen, überschreitet für viele Menschen eine Grenze. Sie hörten oder lasen: *Das ist moralisch verwerflich, das macht man nicht!* In jenen Jahren gab es bereits große Bedenken hinsichtlich der unerwünschten Auswirkungen der Gentechnik auf die Umwelt, die menschliche Gesundheit und die Gesellschaft im Allgemeinen. Man denke nur an die immer engere Zusammenarbeit zwischen Züchtungsunternehmen und Chemiekonzernen. Indem Pflanzen gegen ein bestimmtes Herbizid resistent gemacht wurden, konnten diese Unternehmen einen gekoppelten Verkauf einführen. Der Landwirt konnte das Unkraut auf seinen Feldern sorglos zu Tode spritzen, weil er Pflanzen ausgesät hatte, die gegen das eingesetzte Gift resistent waren. All diese Bedenken waren nicht neu. Neu war, dass mit dem Terminator-Saatgut ein breiter gesellschaftlicher Aufschrei aus einer moralischen Einsicht heraus entstand, der Einsicht, dass hier wirklich eine Grenze im Umgang mit Pflanzen überschritten worden war.

Ich möchte in diesem Kapitel nicht auf alle möglichen technischen und wirtschaftlichen Aspekte der Gentechnikdebatte eingehen, sondern vor allem auf die moralische Seite. In der Gesellschaft herrschte das Gefühl, dass die Würde und Integrität der Pflanzen beeinträchtigt wurde. Genau das ist auch die Sorge von Persephone, denn sie ist die Hüterin der Pflanzenwelt. Was aber meinen wir, wenn wir von der Würde einer Pflanze sprechen? Wenn wir Persephone helfen wollen, müssen wir solche Themen in die gesellschaftliche Debatte um die Gentechnik einbringen und Einfluss auf die Entscheidungen nehmen, die getroffen werden. Dann müssen wir klar erklären können, was wir unter dem Begriff Pflanzenintegrität verstehen. Ein erster Schritt besteht darin, herauszufinden, worin sich die Gentechnik von der klassischen Pflanzenzüchtung unterscheidet.

Klassische Pflanzenzüchtung

Bei der klassischen Pflanzenzüchtung kreuzt der Züchter zwei genetisch unterschiedliche Pflanzen innerhalb einer Pflanzenart miteinander, um gute Eigenschaften der beiden zu kombinieren, z. B. den Ertrag der einen Pflanze und die Krankheitsresistenz der anderen. Zu diesem Zweck lässt man die beiden Pflanzen nebeneinander blühen. Der Wind oder Bestäuber wie Bienen, Hummeln oder Fliegen können dann den Pollen von einer Blüte auf die andere übertragen. Das kann man als Züchter auch manuell machen. Bei der Kartoffel kann man den Pollen von einer Blüte abklopfen, ihn auf dem Daumennagel oder einem kleinen Glas sammeln und dann zur Bestäubung des Stempels der anderen Blüte verwenden (siehe Abb. 30).

Abb. 30. Bestäubung einer Kartoffelblüte durch Anlegen des Stempels an ein Glas mit Pollen einer anderen Sorte.

Ich selbst war viele Jahre lang als Koordinatorin eines großen Zusammenarbeitsverbundes zwischen bäuerlichen Züchtern und Züchtungsunternehmen tätig, in dem wir uns mit der ökologische Kartoffelzucht beschäftigten. Dabei habe ich mir regelmäßig die Zeit genommen, mich selbst an der Kreuzungs- und Selektionsarbeit zu beteiligen. Ich habe das immer als eine schöne und aufregende Handarbeit empfunden. Als ich zum ersten Mal eine Blüte einer Kartoffelpflanze zur Bestäubung öffnete, empfand ich das als einen intimen Vorgang und fragte mich: Wer bin ich, dass ich entscheiden darf, von welcher Pflanze ich den Pollen auf diese Blüte gebe? Man ist buchstäblich ganz nah an der Pflanze dran und muss sehr vorsichtig vorgehen, denn ehe man sich versieht, hat man den zarten Stempel abgebrochen. Man hat das Gefühl, in einer Art *Allerheiligstem* einer Pflanze zu sein. Dieses Gefühl geht auch verloren, wenn man Tage und manchmal Wochen hintereinander kreuzen muss, um so viele Kombinationen wie möglich herzustellen. Aber dennoch bleibt es eine Art Gespräch zwischen dem Züchter und seiner Pflanze. Ein Gespräch, bei dem die Pflanze auf die Vorschläge des Züchters reagieren kann, zum Beispiel durch die Art und Weise, wie er die Nachkommen einer Kreuzung auswählt. Ein Züchter entwickelt eine tiefe Beziehung zu seiner Pflanze und lernt im Laufe der Jahre das breite Spektrum der Ausdrucksmöglichkeiten dieser Pflanze kennen. Dadurch bekommt er ein Gefühl dafür, was ein harmonisches Pflanzenbild bei dieser Art ausmacht. Unter erfahrenen Züchtern wird dies als der ‹Züchterblick› bezeichnet.

Wie aufregend ist es, darauf zu warten, ob der Pollen richtig auf dem Stempel angekommen ist und ob eine Frucht zu wachsen beginnt (siehe Abb. 31), die nicht vorzeitig abbricht! Bei Kartoffeln ist nicht jede zufällige Kreuzung erfolgreich. Die Erfahrung zeigt, dass einige Kartoffelsorten besser als Mütter und andere besser als Väter geeignet sind.

Nach einer erfolgreichen Kreuzung wird das Saatgut aus den Beeren ausgesät. Zunächst werden die entstandenen Pflanzen auf dem Feld auf die Gesundheit des Blattwerks untersucht. Bei den Pflanzen, die keine Krankheiten aufweisen, gräbt man dann die Knollen jeder Pflanze aus und beurteilt, ob sie gleichmäßig geformt sind, ob sie keinen Schorf oder andere Krankheiten aufweisen usw. Dies ist der Prozess der ‹Goldsuche›, wie ich es immer nenne.

Abb. 31. Wachstum der mit Samen gefüllten Beeren einer Kartoffelpflanze nach der Bestäubung und Fruchtbildung.

Von den so ausgewählten Pflanzen, die mit einem Stock markiert werden (siehe Abb. 32), werden die Knollen im nächsten Jahr wieder ausgepflanzt. Nun hat man eine potenzielle Sorte, die man im Laufe der Jahre auf einem immer größeren Feld unter verschiedenen Witterungsbedingungen testen kann, um in einer Art Ausscheidungswettkampf zu sehen, welche Sorte nicht doch noch durchfällt, zum Beispiel weil die Knollen starke Regenfälle nicht vertragen und zu stark aufquellen und platzen. Dieser Bewertungs- und Auswahlprozess kann bis zu 8–10 Jahre dauern, bis man sicher ist, dass man eine gute und stabile Sorte hat, die unter verschiedenen Bedingungen gut gedeiht. Dann bekommt sie einen Namen und kann auf den Markt kommen.

Abb. 32. Die Züchter wählen mehrere Jahre hintereinander aus, um die Nachkommen einer Kreuzung auf dem Feld unter verschiedenen Bedingungen zu prüfen. Die Knollen jeder gesunden Pflanze werden in ein ‹Nest› gelegt, um bewertet zu werden.

Eine Grenze überschritten?

Der Beruf des Züchters ist in den letzten Jahrzehnten sehr viel technischer geworden. Ein bekanntes Sprichwort unter den Züchtern lautet: Züchtung war früher eine Kunst, heute ist sie eine Wissenschaft. Die modernen Techniken werden immer bestimmender. Wenn die gewünschten Merkmale bei einer Art nicht vorhanden sind, kann man mit Hilfe der Gentechnik diese Barriere überwinden, indem man das gewünschte Merkmal von einer anderen Art entleiht und es in das Erbgut der Pflanze einfügt. Bei diesen ‹*Cut-and-Paste*›-Techniken wird der natürliche Befruchtungsweg der Blüte über Stempel und Staubgefäße umgangen. Spezielle Enzyme machen einen Schnitt direkt an einer bestimmten Stelle in der DNA einer Zelle eines abgetrennten Blattstücks in einer Petrischale oder einem Reagenzglas. Die neuesten Techniken werden als *Gene-*

Editing bezeichnet, was bedeutet, dass die DNA in einer Pflanzenzelle umgeschrieben wird. Eine dieser Techniken ist beispielsweise die Crispr-Cas-Methode, bei der sehr spezifische Enzyme (für jeden Zweck ein anderes Enzym) eingesetzt werden können, um einen Schnitt an einer gewünschten Stelle in der DNA zu machen, um entweder das Gen ‹abzuschneiden› und es auszuschalten oder ein anderes Gen an dieser Stelle einzufügen. Die Produkte dieser Formen der Manipulation werden als GVO (genetisch veränderte Organismen) bezeichnet.

Nach der Veränderung folgt die Regenerationsphase, in der die veränderte Pflanzenzelle mit Hormonen dazu gebracht werden muss, sich zu einem Zellhaufen zu vermehren. Dieser Zellhaufen wird dann mit weiteren Wachstumshormonen zur Differenzierung, d.h. zur Bildung von Wurzeln und Blättern, angeregt. Daraus entstehen Minipflanzen, die in ein Reagenzglas übertragen werden. Nach einiger Zeit können sie, in einen Topf verpflanzt, im Gewächshaus weiter wachsen. Dann werden die abweichenden Pflanzen aussortiert und die besten Pflanzen in einem Feldversuch getestet.

Dieser Methode liegt eine Art *Lego-Denken* zugrunde, bei dem man sich die Pflanze als eine Sammlung von Genen vorstellt, die man nach Belieben verändern kann. In diesem Denken gibt es keinen Platz dafür, die Pflanze als ein Zusammenspiel von Eigenschaften und Qualitäten zu verstehen, geschweige denn als ein Lebewesen mit eigener Natur, das Respekt verdient.

Vier Grundhaltungen

1992, lange bevor die Terminator-Technologie zum Einsatz kam, setzte die niederländische Regierung einen Ausschuss ein, der untersuchen sollte, ob es ethische Grenzen für die Anwendung der Biotechnologie bei Pflanzen gibt. Für Tiere wurde diese Diskussion schon früher geführt. In Legebatterien werden beispielsweise so viele Hühner pro Quadratmeter gehalten, dass sie ihr natürliches Bedürfnis, zu scharren, nicht ausleben können. Durch gentechnische Manipulation kann man dieses Bedürfnis zu scharren ausschalten. Es ging um die Frage, ob eine solche Manipulation mit der Würde des Tieres vereinbar ist.

Zu Beginn der Sitzung der Kommission für ethische Aspekte der Biotechnologie bei Pflanzen klang es kichernd: *Sagen Sie nicht, dass Pflanzen armselige Kreaturen sind und Schmerzen haben können!* Nun, das war in der Tat nicht dasjenige, was die Kommission ein Jahr später in ihrem vom Umweltphilosophen Petran Kockelkoren verfassten Bericht *Van een plantaardig naar een plant-waardig bestaan* (Von einer pflanzenartigen Existenz zu einer pflanzenwürdigen Existenz)[2] sagte. Die Kommission ging das Thema grundsätzlich an, indem sie feststellte, dass ein Urteil über biotechnologische Eingriffe an Pflanzen vom Ausgangspunkt abhängt, den der Mensch einnimmt, wie der Mensch die Natur betrachtet. Steht er der Natur gegenüber, oder betrachtet er sich als ein Teil der Natur? Kockelkoren skizzierte vier verschiedene Grundhaltungen in Bezug auf das Verhältnis Mensch-Natur; die des Herrschers, des Verwalters, des Partners und des Partizipanten.

1. Aus der **Haltung eines Herrschers** heraus folgert man, dass die Erde dem Menschen zur Bewirtschaftung gegeben ist. Bei dieser Grundhaltung überwiegt das Nützlichkeitsdenken: Die Erde ist dazu da, Rohstoffe für unsere Nahrung zu liefern. Wie diese produziert wird, ist zweitrangig. Chemische Bekämpfungsmittel passen in dieses Bild der effizienten Produktion und werden gerne als ‹Pflanzenschutzmittel› bezeichnet. Diese Grundhaltung wurde vor allem durch die Überzeugung der Nachkriegszeit geprägt: Nie wieder hungern!
2. Die **Haltung des Verwalters** ist wie die Haltung des Herrschers vom Nützlichkeitsdenken geprägt, jedoch mit dem Verständnis, dass die Produktion so erfolgen muss, dass auch die nächste Generation von der Erde profitieren kann. Diese Haltung begann sich zu entwickeln, als die Gesellschaft 1962 durch Rachel Carsons Buch *Silent Spring* erschüttert wurde. Darin zeigte sie die weitreichenden Auswirkungen von Pestiziden wie DDT in unserem Nahrungsnetz auf, bis hin zum weltweiten Sterben von Raubvögeln.
3. Dies führte zu einem wachsenden ökologischen Bewusstsein unter umweltbewussten Bürgern, die über die Haltung des Verwalters hinausgehen wollten. Aus der **Haltung des Partners heraus** betrachtet man die Erde, die Luft, das Wasser und alle lebenden Organismen als Partner, die um ihrer selbst willen Respekt verdienen. Und zwar nicht nur wegen ihrer Nützlichkeit für den

Menschen! In der Partnerschaft gibt es Respekt und man ist bereit, seinem Handeln Grenzen zu setzen. Lieber mit der Natur mitbewegen, als sie auszugrenzen. In dieser Haltung erkenne ich den biologischen Landbau.

4. Die **Haltung des Partizipanten** geht noch einen Schritt weiter als die des Partners. Man sieht und empfindet, dass die Entwicklung der Erde von der Entwicklung der Menschen und seines Denkens abhängt. Darin erkenne ich die biodynamische Landwirtschaft, wie sie die Natur aus der Anthroposophie heraus betrachtet.

In der Haltung des Herrschers und Verwalters steht der Mensch der Natur gegenüber, als Partner und Partizipant steht der Mensch neben der Natur oder ist sogar Teil von ihr. In den beiden letztgenannten Haltungen erkennt man an, dass die Pflanzen einen eigenen, inneren Wert haben, den man berücksichtigen will. Es ist die freie Entscheidung des Menschen, der Pflanze um ihrer selbst willen diese eigene Wertigkeit beizumessen. Mit der Einstellung eines Herrschers oder Verwalters misst man lebenden Organismen keinen Eigenwert bei. Dann gilt nur das Nützlichkeitsdenken, und die Erde ist lediglich ein Mittel zur Nahrungsmittelproduktion, kein eigenständiges Wesen, für das man als Mensch eine Fürsorgepflicht hat.

Übrigens hat die Kommission für ethische Aspekte der Biotechnologie bei Pflanzen die Minister über die Anwendung der Gentechnik beraten: bei Bakterien: ja; bei Pflanzen: ja, vorausgesetzt; bei Tieren: nein, es sei denn; und bei Menschen: nein.

Integrität der Pflanzen

Diese vier Grundhaltungen sind individuelle moralische Entscheidungen, die wir als Bürger in einer demokratischen, pluralistischen Gesellschaft frei treffen können. Meine Aufgabe als Wissenschaftlerin war es, angesichts der Wahl der Grundhaltung Partner/Partizipant im biologischen Landbau objektiv zu untersuchen, welche Konsequenzen diese Wahl für unsere Arbeit in der Züchtung hat. Gemeinsam mit Kollegen des Louis Bolk Instituts und der Universität Wageningen habe ich daher eine Interpretation der Begriffe ‹intrinsicher Wert› und ‹Pflanzenintegrität› aus der

Perspektive des biologischen und biodynamischen Landbaus formuliert (siehe Kasten S. 113 f.). Henk Verhoog[3] hatte dasselbe bereits für das Konzept der tierischen Integrität getan. Solche Forschung formuliert in Begriffen, was viele Menschen spüren und was dann zur eingangs erwähnten spontanen moralischen Ablehnung (‹*das tut man nicht*›) führt.

Was meinen wir, wenn wir von ‹Integrität der Pflanzen› sprechen? Dies wurde im vorangegangenen Abschnitt bereits mehrfach angesprochen. Die ‹Integrität eines lebenden Organismus› bezieht sich auf seine inhärente eigene Natur, seine Ganzheitlichkeit, seine Fähigkeit, in Verbindung mit der Umwelt ein Ganzes zu bilden. Eine Pflanze ist ein Lebewesen. Ein allgemeines Merkmal eines Lebewesens ist, dass es ein gewisses Maß an Autonomie besitzt, d. h., es verfügt über eine Fähigkeit zur Selbstorganisation, Selbstreproduktion und Selbstregulierung. Mit anderen Worten: Ein lebendiger Organismus ist resilient und in der Lage, sein eigenes Selbst, seine eigene Ordnung zu erhalten, auszudrücken und gegebenenfalls wiederherzustellen.

Ein weiteres Merkmal einer Pflanze als Lebewesen ist, dass sie wächst, sich im Sonnenlicht entwickelt, blüht und dann stirbt, aber nicht ohne neues Leben durch Samenbildung hervorzubringen. Leben kann nur aus Leben hervorgehen. Typisch für die Einzigartigkeit einer Pflanze ist auch, dass sie in der Lage ist, Mineralien aufzunehmen. Pilze und Bakterien haben die Mineralien aus dem organischen Material im Boden gelöst. Die Pflanze fügt sie wieder ins Leben ein und macht sie zum Teil einer höheren Ordnung. Erst dadurch werden Pflanzen zu Nahrung. Von dieser einzigartigen Fähigkeit sind Menschen und Tiere abhängig.

Außerdem ist eine Pflanze mehr offen für ihre Umgebung, nicht passiv, sondern aktiv. Einerseits sucht sie über ihre Wurzeln Kontakt und Austausch mit der Erde, andererseits strebt die Pflanze über ihre Stängel und Blätter dem Kosmos entgegen und steht in regem Austausch mit Luft, Licht und Wärme. Innerhalb der Grenzen ihrer Art ist eine Pflanze eine Manifestation ihres spezifischen Wachstumsortes. Ein Blatt einer Wintermöhrenpflanze auf sandigem Boden mit viel Kiesel sieht anders aus als dasjenige, das auf einem kalkhaltigen Lehmboden gewachsen ist (Abb. 33).[4] Auf Sandboden sieht man ein regelmäßiges, fein geformtes Blatt, während man auf Lehmboden eine gröbere Blattstruktur erkennen kann. Eine Pflanze ist also ein Vermittler zwischen irdischen und kosmischen Qualitäten.

Abb. 33. Teile eines Wintermöhrenblattes. Links: Sandiger Boden Veluwe. Rechts: Lehmboden Betuwe.

Dies ist in der Tat eine spirituelle Sichtweise. Wenn man über die eigene Natur einer Pflanze nachdenkt, stellt man fest, dass diese Natur eine Realität ist, die zwar nicht direkt wahrnehmbar ist, aber erfahrbar wird, wenn man sich konkret mit einer Pflanze beschäftigt. Dann kann man auch versuchen, mit dieser Realität in seinem Handeln umzugehen. Als Hilfsmittel dafür haben wir vier Ebenen unterschieden, auf denen man das tun kann, auf denen man dem Eigenwert der Pflanze begegnen kann (siehe Kasten). Dies bietet auch einen Rahmen für die Prüfung von Züchtungsmethoden: Passen sie zum biologischen Landbau?

Als ich 2003 im Rahmen meiner Doktorarbeit einen wissenschaftlichen Artikel über das Konzept der Pflanzenintegrität veröffentlichte,[5] antwortete der Herausgeber der amerikanischen Fachzeitschrift *Crop Science*: *Very unusual but logically argued, so we cannot refuse it* (Sehr ungewöhnlich, aber logisch argumentiert, deshalb können wir es nicht ablehnen). Der Artikel wurde von vielen Befürwortern der Biotechnologie als bedrohlich empfunden. Damals gab es noch keine ‹Hass-Mail›, aber es erschienen wütende Briefe an *Crop Science* mit Androhungen von Leuten, die mich vor Gericht bringen wollten. Glücklicherweise wurde dies nie wahr gemacht.

Respekt vor der Integrität der Pflanzen
Ich unterscheide vier Ebenen, auf denen man der Pflanze als einem Wesen begegnen kann, das Respekt verlangt, auch in der Züchtung. Auf jeder dieser Integritätsebenen will man auf jeweils unterschiedliche Weise sicherstellen, dass mit den angewandten Züchtungstechniken die Einzigartigkeit und Eigenheit der (Kultur-)Pflanzen nicht verletzt wird.

1. **Die Ebene des Lebens als solches.** In der Pflanze finden Lebensprozesse statt, genauso wie in Bakterien, Tieren und Menschen. Auf dieser allgemeinen Ebene des Lebens will man die natürliche Selbstregulierungs- und Selbstreproduktionsfähigkeit nicht schädigen und ein gewisses Maß an Autonomie nicht beeinträchtigen. Das heißt, man greift nicht im jungen Blattstadium in die DNA ein, sondern wartet, bis die Pflanze das Erwachsenenstadium erreicht hat. In diesem Stadium führt man dann Kreuzungen über die natürlichen Fortpflanzungsorgane durch. Wenn man so vorgeht, ist ein Gespräch zwischen Züchter und Pflanze immer noch möglich. Wie oben im Beispiel der Kartoffel beschrieben, kann die Pflanze den eingesetzten Pollen ‹ablehnen›. Die Integrität des Lebens zu respektieren bedeutet auch, keine lebensfremden Stoffe wie chemische Pestizide zu verwenden. Die Entwicklung einer herbizidresistenten Sorte steht dem diametral entgegen.

2. **Die Ebene der Pflanze als Pflanze.** Hier geht es nicht um die Art, zu der die Pflanze gehört, sondern um Qualitäten von Pflanzen im Allgemeinen. Bei der Züchtung will man sicherstellen, dass die Fähigkeit der Pflanze, sich an ihre Umwelt anzupassen und mit ihr zu interagieren, nicht beeinträchtigt wird. Hier kann man zum Beispiel an die Fähigkeit denken, tief zu wurzeln oder mit nützlichen Bodenpilzen zu interagieren. Durch moderne Techniken oder den Anbau mit Kunstdünger gehen diese Fähigkeiten oft verloren.

3. **Die Ebene des Genotyps**, d. h. die Gesamtheit der vererbbaren, übertragbaren Merkmale einer Pflanzenart oder -sorte. Auf dieser Ebene geht es darum, die natürliche genetische Variation von Pflanzenarten nicht zu verringern und die natürlichen Kreuzungsbarrieren nicht zu durchbrechen. So respektiert man als Bio-Züchter, dass man ein Radieschen nicht mit einem Blumenkohl kreuzen kann, während man mit der Gentechnik diese Kreuzungsbarriere umgehen kann. So wird heute beispielsweise die männliche Sterilität, die bei Blumenkohl natürlicherweise nicht vorkommt, vom Radieschen in die Blumenkohlpflanze eingebaut.[6]

4. **Die Ebene des Phänotyps**, d. h. die individuelle, physische Erscheinung der Pflanze. Der biologische Landbau möchte Züchtungstechniken einsetzen, die Pflanzen hervorbringen, die im Prinzip ihren gesamten Zyklus unter biologischen Anbaubedingungen durchlaufen können. Pflanzensorten, die ohne Pestizide kein gutes Wachstum und keine Samenbildung erreichen können, passen also nicht in den biologischen Anbau. Mit dieser Maxime scheiden viele bestehende Sorten für den biologischen Anbau aus.

Biologischer Landbau

Die Grundprämisse des biologischen Landbaus ist es, im Bereich des Lebens arbeiten zu wollen und keine lebensfremden Stoffe und Techniken einzusetzen. Daher wird im biologischen Landbau auf den Einsatz von Kunstdünger und chemischen Pestiziden verzichtet. Dass der Biolandbau in der Sphäre des Lebens arbeiten will, spiegelt sich in der englischen Bezeichnung *organic farming* wider. Der Biobauer arbeitet nicht auf der Basis von anorganischer Chemie, sondern mit lebendigem, organischem Hofdünger oder Gemüsekompost. Für ihn geht es darum, sich ‹mit der Natur zu bewegen› und nicht ‹die Natur auszuschalten›.

Für die Pflanzenzüchtung bedeutet dies, dass der biologische Landbau die Gentechnik ablehnt. Betrachtet man den lebenden Organismus als kohärentes Ganzes, so stellen Eingriffe direkt in die DNA eine Verletzung dieser Ganzheit dar und können darüber hinaus unerwartete und unerwünschte Risiken für Mensch und Umwelt mit sich bringen. Die Gentechnik passt daher nicht zu den Grundwerten des biologischen Landbaus, wie sie vom internationalen Dachverband für ökologischen Landbau (IFOAM) formuliert werden.[7] Nicht unwesentlich ist auch, dass solche technologischen, kapitalintensiven Züchtungsmethoden sozioökonomische Implikationen haben, die allesamt darauf hinauslaufen, dass wirtschaftliche Interessen im Vordergrund stehen. So kommt das Ertragsmodell der Gentechnik nicht ohne Patente auf Pflanzen aus, und es sind ständige Skalenerträge erforderlich. Dies geht auf Kosten der langfristigen Nachhaltigkeit des Lebensmittelsystems und der biologischen Vielfalt in Natur und Landwirtschaft.[8]

Was will also der Biosektor in Sachen Züchtung? Man will nur Züchtungstechniken anwenden, die es der ganzen Pflanze ermöglichen, auf dem Feld unter dem Einfluss des Sonnenlichts zur Blüte und zur Saatbildung zu kommen. Das bedeutet: klassische Kreuzungen, wie oben beschrieben, bei denen die Pflanze noch ein gewisses Maß an Autonomie hat. Wenn man von der Haltung eines Partners oder Partizipanten ausgeht, kann man verhindern, dass der Eigenwert der Pflanzen beeinträchtigt wird. Das ändert natürlich nichts an der Tatsache, dass unsere Kulturpflanzen von der menschlichen Pflege abhängig geworden sind. Ein Salatsamen, der in einen mageren, ungedüngten Boden gesät wird, wächst nicht zu einem zarten Kopf heran, sondern blüht sofort auf. Wir haben also tatsächlich eine Fürsorgepflicht für unsere Kulturpflanzen.

Unsere Kulturpflanzen, die Nahrung für Mensch und Tier sind, wurden einst vor Tausenden von Jahren aus Wildpflanzen gezüchtet; möglicherweise von Priestern, darüber ist wenig bekannt. Aus dieser geheimnisvollen Ausgangssituation sind in einem kontinuierlichen Züchtungsprozess die alten und dann auch die neuen Sorten entstanden. Die Bedingungen, unter denen die Pflanzen wachsen müssen, sind jedes Mal anders. Dies erfordert einen ständigen Züchtungsprozess, damit unsere Nahrungspflanzen mit der Entwicklung von Mensch und Erde Schritt halten können. Das Wissen und die Fähigkeiten in der Landwirtschaft entwickeln sich, das Klima ändert sich, ebenso wie die Lebensgewohnheiten und die Bedürfnisse der Menschen als Verbraucher. Das erfordert Anpassungen; die alten Sorten entsprechen nicht mehr den heutigen Anforderungen. Ein Beispiel: Um den Rücken der Landwirte nicht zu sehr zu belasten, wurden mechanische Erntemaschinen entwickelt, und das erfordert Sorten, die so robust sind, dass man sie ohne Schaden mechanisch ernten kann. Zwiebeln verlieren bei der maschinellen Ernte leicht ihre Schale, so dass man kahle Zwiebeln erhält, die schnell austrocknen und nicht lange gelagert werden können. Daher wählen die Züchter Zwiebeln aus, deren Schale etwas fester mit der Zwiebel verbunden ist. Die Züchtung ist also ein Kontinuum und ein integraler Bestandteil der sich entwickelnden Landwirtschaft. Das gilt auch für die biologische und biodynamische Landwirtschaft.

Nach unten drücken …

In der heutigen Gesellschaft ist oft zu beobachten, dass wir aus Gründen der Überschaubarkeit die verschiedenen Bereiche der Natur von einem niedrigeren Niveau aus behandeln, als dem, auf dem sie sich eigentlich befinden. Wir drängen die Natur sozusagen nach unten. Wir betrachten Menschen manchmal als Herdentiere, siehe z. B. die Modewerbung, die aus dem Gruppenverhalten und dem Bedürfnis der Menschen, alle die gleiche Marke oder Modefarbe zu tragen, Kapital schlägt. In der Massentierhaltung werden Tiere wie Pflanzen gehalten, mit wenig Bewegungsmöglichkeiten. Und das reduktionistische Lego-Denken neigt dazu, Pflanzen auf die materielle Ebene von Mineralien und Genen zu reduzieren, die nach Belieben ausgetauscht werden können. Die Techniken dafür, die weiter oben in diesem Kapitel beschrieben wurden, greifen tief in das Leben ein.

Nicht umsonst wird die Gentechnik im Volksmund als ‹Manipulation› bezeichnet, auch wenn Biotechnologen lieber neutral von ‹genetischer Modifikation› sprechen. Bei dieser Art der Züchtung gibt es kein ‹Gespräch› und keinen ‹Dialog› zwischen dem Züchter und den Pflanzen. Diese Technik ist eine Zwangstechnik und findet auf der untersten Ebene der Pflanzen statt, nämlich direkt in der DNA, unter Laborbedingungen mit künstlichem Licht und einem künstlichen Nährboden. Gentechnologie greift ein, wenn sich die Pflanze im allerjüngsten Blattstadium befindet, wenn die Fortpflanzungsorgane noch nicht ausgebildet sind. Dies steht in krassem Gegensatz zur klassischen Züchtung, bei der gekreuzt wird, wenn die Pflanze reif ist und unter dem Einfluss von Licht und Wärme ihr höchstes, eigenstes und raffiniertestes Organ gebildet hat: die auf die Pollen reagierende Blüte.

Wenn man sich vergegenwärtigt, mit wie viel ‹Zwang› die Gentechnik in die Pflanze eindringt, kann man sich fragen, was die Gentechnik geistig für ein Pflanzenwesen bedeutet. Haben solche manipulierten Pflanzen weniger Verbindung zu ihrem Urbild oder sind sie gar von diesem abgeschnitten? Darauf habe ich noch keine schlüssige Antwort. Wenn es keine Verbindung zum Urbild gäbe, würden die Pflanzen degenerieren und aufhören, vital zu sein. Das sehen wir vielleicht nicht sofort bei der nächsten Pflanzengeneration, das dauert mehrere Jahrzehnte. Auch in der konventionellen Landwirtschaft haben die Landwirte erst nach 40 Jahren Kunstdüngereinsatz gemerkt, dass Kunstdünger und Pestizide den Boden tot und unbrauchbar machen.

Was wir bereits wissen, ist, dass gerade in der Laborphase eines gentechnischen Prozesses, wenn nur noch ein Zellhaufen übrig bleibt, mehr unerwünschte Mutationen auftreten als auf dem Feld bei der natürlichen Bestäubung oder Kreuzung. Das mag etwas über eine lockerere Verbindung zwischen Pflanze und Urbild in diesem Stadium aussagen, es könnte aber auch sein, dass diese Verbindung wieder stärker wird, wenn die Pflanzen im Freiland wachsen.

Forscher der Naturwissenschaftlichen Sektion am Goetheanum haben vergleichende phänomenologische Untersuchungen an gentechnisch veränderten und nicht gentechnisch veränderten Kartoffelpflanzen der Sorte Bintje durchgeführt.[9] Sie arbeiteten mit Knollen der nicht gentechnisch veränderten Bintje und von Bintje-Pflanzen, in die zwei verschiedene Genkonstrukte eingefügt worden waren. Beide Genkonstrukte zielten auf die Resistenz gegen die Hauptkrankheit der Kartoffel, *Phytophthora infestans*, ab, allerdings über zwei unterschiedliche Mechanismen: das Viscotoxin-I-Gen (Visco) aus der Mistel und das Aminolävulinat-Synthase-Gen (Ala) aus der Hefe. Beim Vergleich der Entwicklung der Pflanzen aus diesen Knollen fielen mehrere Unterschiede auf, vor allem in der Wachstumsdynamik (Abb. 34). Drei Wochen nach dem Einpflanzen (a) zeigten die gentechnisch veränderten Pflanzen Visco 1 und Ala 20 ein verzögertes Wachstum im Vergleich zu den nicht gentechnisch veränderten Bintje-Pflanzen (Bintje nt). Fünf Wochen nach der Pflanzung (b) blieben die Visco-Pflanzen immer noch hinter den Bintje nt- und Ala-Pflanzen zurück, aber die Ala-Pflanzen hatten die Höhe der nicht-manipulierten Bintje-Pflanzen übertroffen. Zehn Wochen nach der Pflanzung (c) waren die Ala-Pflanzen höher als die Bintje-nt- und Visco-Pflanzen.

Die Forscher untersuchten die Pflanzen auch genauer und stellten Unterschiede in der Pflanzen- und Knollenform, der Blattmetamorphose und der Blattstruktur fest. Diese Veränderungen der Pflanzen gingen deutlich weiter, als mit dem gentechnischen Eingriff beabsichtigt war. Diese Forschungsergebnisse zeigen, dass eine Pflanze mehr ist als eine Ansammlung von Legosteinen, bei der man z.B. einen gelben Stein durch einen blauen ersetzen kann, ohne die Struktur zu verändern. Eine Pflanze ist ein zusammenhängender Organismus, und wenn man ein einziges Gen in ihr verändert, wirkt sich das auf die gesamte Pflanzenentwicklung aus.

Visco 1 Bintje nt Ala 20

a: Drei Wochen nach der Anpflanzung.

b: Fünf Wochen nach der Anpflanzung.

c: Zehn Wochen nach der Anpflanzung.

Abb. 34. Entwicklungsstadien ausgewählter Pflanzen von drei Bintje-Linien. Die linke Spalte (Visco 1) zeigt eine Bintje mit dem Viscotoxin-I-Gen; die mittlere Spalte (Bintje nt) zeigt eine Bintje, die nicht gentechnisch verändert wurde (die Kontrolle); die rechte Spalte (Ala 20) zeigt eine Bintje mit dem Aminolävulinat-Synthase-Gen. Die Pflanzen wurden zu drei Zeitpunkten fotografiert: a: drei Wochen nach dem Pflanzen; b: fünf Wochen nach dem Pflanzen; c: zehn Wochen nach dem Pflanzen.

… oder erheben?

Im Gegensatz zur Gentechnik, die eine Pflanze nach unten drückt, versucht die biodynamische Landwirtschaft tatsächlich, Pflanzen und Tiere gemäß ihrer eigenen einzigartigen Natur zu behandeln und sie somit ‹aufzurichten›, ‹zu erheben›. Die biodynamische Landwirtschaft geht von der Grundhaltung eines Partizipanten im Verhältnis zur Erde aus und von der Idee, dass die Entwicklung der Erde und die des Menschen miteinander verbunden und voneinander abhängig sind. Aus Respekt vor der Integrität der Pflanze werden im biologischen Landbau alternative Züchtungsmethoden entwickelt, bei denen die ganze Pflanze bis hin zum Blütenstand in lebendiger Erde wächst.

Von zusätzlicher Bedeutung ist, wie die Pflanzen angebaut werden. Ich habe weiter oben beschrieben, dass die biodynamischen Feldpräparate ein Hilfsmittel sind, um den Pflanzen ihren Platz zwischen Erde und Kosmos zu geben. In diesem Zusammenhang sehe ich die Gentechnik als Gegenbild der ‹Veredelung› unserer Erde und der Nahrungspflanzen mit Präparaten. Die Arbeit mit Präparaten kann man auch als Pflanzenveredelung bezeichnen, nicht auf der Ebene der Arten oder Sorten, sondern auf der Ebene der einzelnen Pflanze. Ihr wird die Möglichkeit gegeben, ihr volles Potenzial zu entfalten.

Indem man der Prämisse treu bleibt, im Bereich des Lebens arbeiten zu wollen, kann man ein Diener Persephones sein, des göttlichen Wesens, das die Würde der Pflanzen bewahrt. Persephone will verhindern, dass sich Pflanzen nur aus irdischen Kräften entwickeln müssen. Durch die Gentechnik werden die Pflanzen noch mehr an das Irdische gebunden. Durch den gentechnischen Zwangseingriff außerhalb der Fortpflanzungsorgane ist kein Gespräch oder Dialog zwischen dem Züchter als Mensch und den Pflanzen möglich. Man kann sich vorstellen, dass Persephone darüber in tiefer Sorge ist. Und wie erstaunlich ist es doch, dass diese Sorge bereits von Alanus ab Insulis, einem der Lehrer von Chartres, vorhergesehen und vorausgesagt wurde!

Kapitel 9 Zusammenarbeit mit Naturwesen

Das erste Mal, dass ich die Naturwesen bewusst wahrnahm, geschah in einem unerwarteten Augenblick, denn ich war nicht darauf aus, Naturwesen zu sehen. Es passierte mir während einer therapeutischen Behandlung mit rhythmischer Massage, bei der die Physiotherapeutin mit Lavendelöl arbeitete. Ich versuchte sehr aufmerksam, die rhythmischen Bewegungen der Einreibungen wahrzunehmen. Plötzlich spürte ich unzählige winzige, helllila, durchsichtige Feen um die Hand der Therapeutin, die sich im Duftdampf des Öls bewegten. Eine wunderschöne und berührende Empfindung, die ich nie vergessen werde. Wie dankbar war ich für dieses unerwartete Geschenk! Danach ist es mir jahrelang nicht mehr passiert, und ich habe mich auch nicht mehr darauf konzentriert.

In den letzten Jahren bin ich bei meiner Suche nach der Bedeutung von Persephone bewusster mit den Naturwesen umgegangen. Mir ist aufgefallen, dass wir in der biodynamischen Bewegung relativ wenig über sie sprechen. Es ist verständlich, dass nicht jeder im biodynamischen Bereich sich mit diesem Thema beschäftigt, denn das Erleben und Sprechen über spirituelle Inhalte ist noch nicht wirklich Teil der Kultur unserer Zeit. Um dieses Thema besprechbarer zu machen, habe ich im Herbst 2019 bei einem Vortrag für biodynamische Bauern erstmals auch über Naturwesen gesprochen. Als eine Gruppe von Landwirten gerne mehr darüber erfahren wollte, dachte ich, es wäre eine schöne Herausforderung für sie und für mich. Doch mich überkamen Zweifel: Wer bin ich, dass ich das kann? In der Zwischenzeit hatte ich die Erfahrung gemacht, dass ich die Naturgeister zu Hilfe rufen und sie um ein Zeichen bitten kann. Ich tue das meist bei einem Spaziergang in der Natur und bekomme oft ein Bild vor Augen, oder meine Aufmerksamkeit wird plötzlich auf etwas gelenkt, das dann eine klare Antwort für mich ist.

So beschloss ich an einem schönen Herbsttag, meine Frage, ob ich einen solchen Workshop geben könnte, den Naturwesen zu stellen und sie um ein Zeichen der Bestätigung zu bitten. Spontan fügte ich hinzu: *In Form eines Kreuzes.* Sofort bereute ich diesen Zusatz, denn es fühlte sich seltsam an, in einem Wald nach einem Kreuz zu fragen. Aber ich hatte es gerade so ausgesprochen, also ließ ich es stehen und ging weiter. Zehn Minuten später wurde meine Aufmerksamkeit auf ein merkwürdiges Phänomen gelenkt. Am Wegesrand sah ich eine junge, grüne, etwa 3 m hohe Eiche mit einem leuchtend gelben, horizontalen Fleck in der Mitte des Baumes. Bei näherer Betrachtung sah ich, dass sich der Ast eines Strauches der Gewöhnlichen Traubenkirsche voller gelber Herbstblätter seinen Weg mitten durch das grüne Laub der Eiche gebahnt hatte. So entstand eine wunderschöne Kreuzform! Ich spürte, wie die Naturwesen lächelten und sagten: *So, jetzt hast du dein Kreuz!* Ich erlebte es als Bestätigung, dass es gut wäre, wenn ich einen solchen Kurs mit den Bauern beginnen würde.

Üben, die Naturwesen wahrzunehmen

So begann der erste Workshop, dem noch viele weitere folgten. Bei jedem Kurstreffen besprachen wir immer ein paar Kapitel eines schönen, lesenswerten Büchleins über Erfahrungen mit Naturwesen.[1]

In diesem ersten Kurswinter 2020 besuchte ich die Jahrestagung der Biodynamischen Landwirtschaft in Dornach und nahm an drei Nachmittagen an einem Workshop mit Anna Cecilia Grünn teil.[2] Sie ist seit ihrer Kindheit in Kontakt mit den Naturwesen und sucht nun als biodynamische Gärtnerin auf ihrem Hof in Süddeutschland bewusst die Zusammenarbeit mit ihnen. Sie möchte interessierte Menschen dabei unterstützen, selbst zu lernen, mit diesen geistigen Wesen zu kooperieren. Damit meint sie nicht, dass wir anfangen, die Naturwesen zu sehen, sondern dass wir lernen, hellhörig oder hellfühlig zu werden. Wir können lernen, ihnen Fragen zu stellen und offen für das zu sein, was sie uns zu sagen haben.

Während der Workshop-Treffen übten wir die Verbindung mit den Naturwesen durch eine geführte Meditation an drei Orten: einem Feld, einem Obstgarten und einem Kompostplatz. Wir standen mit der Gruppe etwas verteilt auf dem Gelände, so dass jeder Platz hatte und sich frei fühlen konnte. Anna Cecilia bat uns zunächst zu prüfen, ob wir mit beiden Beinen kräftig den Boden unter unseren Füßen spüren, dann unseren Atem zu beruhigen, unsere Gedanken von allen Alltagssorgen freizumachen, unsere Gefühle ins Gleichgewicht zu bringen und vor allem ohne Erwartungen zu sein. Dann bat sie uns, uns nacheinander in aller Stille mit den hilfreichen Kräften der vier Elemente Erde, Wasser, Luft und Feuer in uns zu verbinden. In einer geführten Meditation zeigte sie uns, wie wir uns an die Naturwesen wenden können. Ihr Text lautete wie folgt:

> *Ich wende mich innerlich an die Naturwesen und lade sie ein, sich mir zu zeigen, auf mich zu wirken oder sich in mir auszudrücken. Ich öffne einen inneren Raum der Stille und der Klarheit in mir, in welchem sich das Naturwesen mir mitteilen kann. Ich beobachte ruhig und absichtslos, wie es mir begegnen möchte – z. B. durch Gefühle, Gedanken, Bilder, Klangwahrnehmungen, Wärme, Licht oder Anderes. Ich bin mit allem einverstanden, was geschieht, und auch wenn ich nichts Bestimmtes wahrnehme, ist das im Moment gut und richtig für mich. Mein Unterbewusstsein nimmt trotzdem alles auf, was wichtig ist. Wenn ich Eindrücke erhalten habe, verwahre ich das, was ich erlebt habe, an einem Ort in meinem Inneren, wo ich es wiederfinde und wieder daran anknüpfen kann.*

Wir haben eine Weile geschwiegen, um allen Raum zu geben, ihre Herzen zu öffnen und die Naturwesen an diesem Ort zu fragen: *Was ist hier los oder was passiert hier? Was können wir hier für euch tun?* Dieser Teil der Meditation ist ein inneres, urteilsfreies Zuhören und Wahrnehmen dessen, was hereinkommt. Diese stille Zeit muss nicht lang sein, da es sich um die ersten Inspirationen handelt; höchstens 5–10 Minuten. Meiner Erfahrung nach neigt der Verstand dazu, zu interpretieren, wenn man länger in dieser Stille verweilt. Danach tauschten wir in der Gruppe aus, was jeder beobachtet hatte, ohne es zu kommentieren. Dadurch entstand eine gewisse Intimität, denn man sucht nach Worten, um die Bilder und Erfahrungen auszudrücken, und das ist nicht immer einfach. Die inneren Wahrnehmungen können in Verbindung mit der eigenen Konstitution oder Erfahrung unterschiedlicher Natur sein. Der eine hat eine Vorliebe für Musik und hört einen bestimmten Klang, ein anderer sieht eine bestimmte Farbe oder Geste. Manchmal hört jemand ein Wort oder einen Satz innerlich.

Wir haben dann diskutiert, ob sich ein gemeinsamer Nenner in den Erfahrungen finden lässt. Es ist immer schwierig, Worte zu finden, die zu dem passen, was man erlebt hat, und so kann es hilfreich sein, dies in einer Gruppe zu tun und zu sehen, ob etwas Gemeinsames in den Erfahrungen mitschwingt. Zum Schluss versuchten wir gemeinsam, den Naturwesen eine eurythmische Geste zu erwidern, die den Erfahrungen und dem Ort angemessen war, und dankten ihnen, dass sie sich in uns ausgesprochen hatten.

Als Beispiel nenne ich mein Erlebnis im Obstgarten. Dieser befand sich an einem Hang unterhalb des riesigen Goetheanum-Gebäudes. Wir hatten uns zwischen einem Dutzend alter Obstbäume verteilt und viele erlebten eine Atmosphäre der Schwere, einerseits konkret wegen des riesigen Gebäudes über uns und andererseits moralisch wegen des Ernstes der Besucher des Goetheanum und der Mission dieses Gebäudes als Ort der Anthroposophie. Wir wollten den Naturwesen Licht schenken, und einer der Teilnehmer schlug eine Geste vor, bei der man die Arme zum Himmel streckt und sozusagen mit den Händen Licht sammelt und über die Arme und den Körper zur Erde schickt. Wir machten das noch einmal, in einem großen Kreis um die Bäume herum, und beobachteten, wie die Naturwesen darauf reagierten. Die Wirkung war bei vielen zu spüren. Ich erlebte eine überwältigende Atmosphäre der Dankbarkeit, die aus der Erde aufstieg. Das war sehr bewegend.

Meditationsübung auf einem Bauernhof

Nach meiner Rückkehr erzählte ich natürlich begeistert meinen Landwirten in der Studiengruppe von meinen Erfahrungen. Sie wollten auch eine solche Meditation durchführen, und wir verständigten uns auf einen Sommerabend. Ich bat die Bäuerin, bei der wir zu Gast sein würden, sich vorher zu überlegen, ob es ein Feld gab, zu dem sie eine Frage hatte. An dem besagten Abend erzählte sie mir von einem Feld mit Rotkohlpflanzen, die nicht gut wachsen wollten. Die anderen Arbeiter auf dem Hof meinten, sie könnten das Problem mit Hühnermist lösen, aber sie war gegen Hühnermist als Lösung, obwohl sie das den anderen gegenüber nicht überzeugend begründen konnte.

Also gingen wir gemeinsam zum Kohlfeld, lösten uns von der Hühnermist-Diskussion und öffneten uns für das, was unter den Naturwesen auf diesem Feld lebte, vor dem Hintergrund der Frage, was wir für sie tun könnten. Wir bildeten gemeinsam einen Halbkreis am Kopf des Feldes mit dem Gesicht zum Feld. Ich begann die Meditation mit einer Einleitung, und dann stellte jeder still in sich hinein die Frage: Was ist das Problem hier, und was können wir tun? Nach etwa 5–10 Minuten tauschten wir unsere Erfahrungen aus.

- Ein junger Landwirt, der bei der Vorbereitung nur ungern 10 Minuten lang schwieg, war jetzt begeistert. Er vermisste die Stille bei seiner Arbeit und war so vertieft darin, dass er vergessen hatte, die Frage an die Naturwesen zu stellen!
- Auch eine andere Gärtnerin war zunächst in die Stille vertieft, merkte aber mit der Zeit, dass sie die Frage stellen musste. Sie spürte dann, dass die Naturwesen sie fröhlich einluden, auf das Feld zu kommen und mitzumachen.
- Meine eigene Beobachtung: In meiner Meditation sah ich einen riesigen Lichtstrahl, als ob die Sonne wieder durch die Wolken käme. Das Licht fiel auf das Feld, aber es fühlte sich ‹leer› an. In meinem Bild gab es keine Pflanzen, obwohl es welche gab.
- Die anderen hatten keine besondere Botschaft, meinten aber, es sei gut, dass wir diesem Feld Aufmerksamkeit schenkten.

Ich sammelte dann unsere Erfahrungen. Vielleicht war die Bitte der Naturwesen, das schöne Licht mit uns Menschen zu verbinden und es mit Herzenswärme an die Erde weiterzugeben, anstatt das Licht direkt auf die Erde fallen zu lassen. Wir haben dann jeder für sich das Licht innerlich durch unser Herz zur Erde geführt und uns geöffnet, um zu spüren, ob es eine Antwort gibt. Es kamen keine spezifischen Antworten zurück, außer dass die Bauern sehr glücklich und beeindruckt darüber waren, wie es sich anfühlt, so helfend und offen auf einem Feld zu sein! Die Naturwesen hatten einen der Landwirte sehr deutlich aufgefordert, über das Feld, zwischen den Reihen der Kohlpflanzen hindurch, zurück zum Hof zu gehen, was wir auch taten.

Im anschließenden Gespräch kamen wir darauf, dass ‹Phosphor› wörtlich übersetzt ‹lichtgebend› bedeutet, und tatsächlich gibt Phosphor als Element Licht ab. Die Phosphorverbindungen, wie z. B. das Phosphat im Hühnermist, tun dies nicht, aber phänomenologisch gesehen können sie als Träger von ‹immanentem Licht› betrachtet werden.[3] Etwas davon ist an der treibenden Wirkung von Hühnermist auf das Pflanzenwachstum zu erkennen. Aber vielleicht war die Lösung für die Wachstumsstagnation auf diesem Feld gar nicht die Lichtwirkung des phosphatreichen Hühnermistes, sondern eine andere Form von Licht, die mit der liebevollen Zuwendung des Menschen zu diesem Feld einhergeht. Bringt die liebevolle Zuwendung nicht Licht in die Erde? Mit solchen Gedanken beendeten wir das Treffen. Die Bäuerin kehrte am nächsten Morgen auf das Feld zurück und bat die Naturwesen um eine Antwort. Wir fragten sie einige Zeit später nach ihren Erfahrungen nach der Meditation und ob Hühnermist ausgebracht worden sei. Sie hatte den Mitarbeitenden von der Meditation mit unserer kleinen Gruppe am nächsten Tag erzählt. Von Hühnermistpellets war danach nicht mehr die Rede, und inzwischen wuchs das Kohlfeld gut und der Regen kam rechtzeitig!

Beispiele für Fragen

Hier folgen einige Beispiele für Orte auf einem Bauernhof und die mit ihnen verbundenen Fragen:

- Ein neu gepflanztes Kohlfeld, auf dem das Wachstum der Kohlpflanzen einfach nicht in Gang kommen will. Hier wurde die Frage gestellt: Was kann ich hier tun?
- Eine Stelle am Rande des Hofes, die eine kleine Oase ist, mit einer Quelle, einem Graben und ein paar Bäumen drum herum. Diese Stelle auf dem Hof fühlt sich immer besonders an, aber es ist auch oft eine unordentliche Ecke. Die Frage war: Was braucht dieser Ort?
- Am Ende des Hofweges befindet sich ein Entwässerungskanal mit einem Naturschutzgebiet am anderen Ufer. Die Frage lautete: Wie kann ich das Naturschutzgebiet mehr in meinen Betrieb einbeziehen?
- Eine Wiese mit einer großen Eiche am Rande. Der Bauer sagte: Ich gehe gerne an diesen Ort, aber was bedeutet er für mich?
- Ein überdachter Kompostplatz auf einem Betonboden, bei dem die Frage gestellt wurde, ob die Elementarwesen trotzdem aktiv sind.

Erste Erfahrungen

Inzwischen habe ich mit mehreren Bauerngruppen geübt, sich durch Meditationen mit den Naturwesen an bestimmten Orten auf einem Bauernhof zu verbinden. Daraus lassen sich für mich eine Reihe von Lehren ziehen. Diese sind natürlich auch für jeden anwendbar, der kein Landwirt ist, aber seine Beziehung zu den Naturwesen in seinem eigenen Garten, auf seiner Straße oder in einem Naturgebiet vertiefen möchte.

1. Einstimmen ohne Erwartungshaltung

Es ist wichtig, dass sich die TeilnehmerInnen im Vorfeld ihrer Erwartungen bewusst werden und diese beiseite schieben, z. B. den Wunsch, etwas ‹sehen› zu wollen. Normalerweise sieht man die Naturwesen nicht, denn sie haben keinen physischen Körper wie wir Menschen. Man kann jedoch bestimmte Eindrücke mit seinen Seelensinnen erleben, indem man sich ihnen öffnet und seine Aufmerksamkeit auf sie richtest. Die Form, in der sich die Naturwesen dem Menschen gegenüber äußern, durch Klang, Farbe oder ein Bild, ist nicht immer gleich und von Mensch zu Mensch verschieden.

Nicht jeder erlebt etwas. Manchmal hängt es von der Konzentration ab, so wie es oft bei der Meditation der Fall ist. Es ist tröstlich, wie Anna Cecilia Grünn dies in ihrem Meditationstext ausdrückt: *Ich lasse mich ganz auf das ein, was geschieht, und auch wenn ich nichts Bestimmtes wahrnehme, ist es für mich in diesem Moment gut und in Ordnung. Mein Unterbewusstsein nimmt trotzdem alles auf, was wichtig ist.* Akzeptiere, dass es manchmal Zeit braucht, bis du eine Beziehung zu den Naturwesen aufbauen kannst und sie zu dir sprechen können oder wollen. Die Naturwesen sind ohnehin dankbar für die liebevolle Hinwendung der Menschen. Sie leiden unter der Nachlässigkeit der Menschen gegenüber der Schönheit ihrer Arbeit in der Natur.

2. Vorbereitung

Ich habe die Erfahrung gemacht, dass es wichtig ist, den Bauern oder die Bäuerin, bei dem oder der wir die Übung durchführen, vorher zu fragen, an welchen Ort sie die Gruppe bringen will. Es könnte ein Ort sein, an dem es eine aktuelle Frage gibt oder an dem eine besondere Stimmung oder Atmosphäre zu spüren ist. Ich stelle mir vor, dass es für die Naturwesen von Bedeutung ist, ob es sich um eine echte Frage handelt, mit der ein Bauer an diesem Ort lebt, oder um etwas Zufälliges, das man sich um der Übung willen ausgedacht hat. Eine Frage kann so lauten: Was ist hier los, was ist an diesem Ort erwünscht? Aber ich habe gelernt, dass man auch eine Frage stellen kann, die in die Richtung geht: Was können wir von dir lernen? In einem Workshop, in dem diese Möglichkeit im Vorfeld explizit erwähnt und von einigen Teilnehmern aufgegriffen wurde, kamen prompt neben Inspirationen, die etwas über den Ort selbst aussagten, auch Inspirationen, die eindeutig persönlicher Natur waren. Wir dürfen und können also die Hilfe der Naturwesen für persönliche Fragen in Anspruch nehmen!

3. Die Aufstellung der Gruppe

Meine Beobachtung ist, dass es für den Kontakt mit den Naturwesen von Bedeutung ist, wie man sich räumlich an einem bestimmten Ort positioniert. Denn im Beispiel des Obstgartens am Goetheanum wurde die Erfahrung intensiver, wenn wir nicht willkürlich, sondern im Kreis um die Bäume herum standen. Auch auf dem Rotkohlfeld haben wir uns überlegt, wie wir stehen wollen, und haben uns mit Blick auf das Feld halbmondförmig aufgestellt. Ich glaube, dass es eine gewisse Kraft hat, wenn eine Form Ausdruck unserer Absicht und Hinwendung ist.

4. Ein innerer Tempel

Wenn man an einem Ort angekommen ist und die Form gewählt hat, in der man mit der Gruppe stehen will, beginnt die Übung mit einem vorbereitenden Text. Er dient dazu, den Kopf von den alltäglichen Sorgen zu befreien und sich auf die Naturwesen an diesem besonderen Ort zu konzentrieren. Man kann diese Konzentration und Hinwendung als eine Art Einweihung des Ortes und als Anerkennung der Existenz der hier wirkenden Naturwesen verstehen. Man achtet auf die Eigenschaften der vier Elemente und wie sie in einem wirken, und man verbindet sich in seinem Geist mit ihnen. Ich empfinde dies als einen wesentlichen Schritt für die Naturwesen, die sich dann in ihrer Arbeitsumgebung erkannt fühlen. Mit dieser meditativen Aufmerksamkeit baut man sozusagen einen ‹inneren Tempel› auf, in dem sich die Naturwesen einem gegenüber ausdrücken können. Anna Cecilia Grünn nennt es in ihrem Meditationstext: *Ich öffne in mir einen inneren Raum der Stille und Klarheit, in welchem sich das Naturwesen mir mitteilen kann›.*

5. Humor

Ich habe die Erfahrung gemacht, dass die Naturwesen Humor haben und uns feinfühlig auf eine falsche Frage hinweisen können. Wir hatten einmal ein Workshop-Treffen, an dem die betreffende Bäuerin die Frage hatte, wie sie ein kleines Naturgebiet neben ihrem Grundstück mehr in ihren Betrieb einbeziehen könnte. Einer der Teilnehmer erlebte dann, dass die Naturwesen des Feldes die Frage subtil umdrehten: Wie kann der Betrieb mehr in das Naturschutzgebiet eingebunden werden?

6. Lass das Bild in dir wachsen

Ich selbst habe mehrfach festgestellt, dass ich nicht sofort verstanden habe, was mir ein Bild sagen wollte, und sogar dachte, dass das Bild nicht ‹richtig› sei. Ich habe gelernt, geduldig zu sein. Die Sprache, in der die Bilder zu einem kommen, ist eine Sprache, die man erst verstehen lernen muss. Das braucht manchmal Zeit. Auch der Austausch in einer Gruppe hilft, denn jeder wählt andere Worte oder hat ein Bild in einer anderen Form erlebt, die jedoch dasselbe ausdrückt wie dasjenige, was man selbst erlebt hat. Manchmal ist es gut, das Bild einfach stehen zu lassen und es mit sich zu tragen. Das Bild kann mit der Zeit wachsen und an Bedeutung gewinnen. Grünn sagte dazu: *Wenn ich Eindrücke erhalten habe, verwahre ich das, was ich erlebt habe, an einem Ort in meinem Inneren auf, wo ich es wiederfinde und wieder daran anknüpfen kann.*

7. Aufmerksamkeit schenken ist auch hilfreich

Manchmal erfährt man an einem Ort keine bestimmte Frage, aber allein die Tatsache, dass wir diesem Ort in einem Kreis unsere Aufmerksamkeit und Hinwendung schenken, ist hilfreich und wird dankbar angenommen. Wir neigen dazu, uns als Helfer aufzuspielen, während die Naturwesen über eine gewisse Weisheit und Intelligenz verfügen. Sie scheinen oft verwirrt darüber zu sein, wie wir Menschen, die mit der Natur nicht mehr verbunden sind, die Natur und uns selbst behandeln.

Indem wir die Naturwesen erkennen und ihnen mit Respekt begegnen, scheinen sie ihre Aufgaben wieder wahrnehmen zu können.

8. Der Unterschied zwischen Eingebungen und Projektionen

Es ist wichtig, darauf hinzuweisen, dass man sich darin üben muss, zwischen dem, was wirklich von ‹der anderen Seite› kommt, und dem, was dem eigenen Wunschdenken entspringt oder eigene Projektionen sind, unterscheiden zu lernen. Ich selbst kann manchmal sehr deutlich spüren, ob ein Bild wirklich als Antwort der Naturwesen erscheint, zum Beispiel durch eine körperliche Reaktion wie Gänsehaut oder Tränen der Rührung oder weil ein Bild überraschend ist. Aber manchmal zweifle ich an dem Bild und trage es eine Zeit lang mit mir herum. Mit der Zeit wird vielleicht klar, dass das Bild mehr über mich selbst aussagt, als dass es von den Naturwesen eingegeben wurde, oder aber dass es mir wirklich etwas sagen will.

Kapitel 10 Zusammenarbeiten miteinander

Es scheint, als hätten wir uns in den letzten Jahrhunderten nicht nur von Gott und von der Natur, sondern auch voneinander entfernt! In den vorangegangenen Kapiteln habe ich diese ‹Loslösung von Gott› und die ‹Loslösung von der Natur› skizziert: wie wir als Menschheit eine eigenständige Urteilsfähigkeit entwickelt haben und im Gegenzug die Verbindung zur geistigen Welt als unserer Erkenntnisquelle aufgeben mussten. Für mich war es ein Augenöffner, dass die Göttin Demeter auf der Suche nach ihrer geraubten Tochter Persephone Hilfe vom Königssohn Triptolemos bekam. Sie weihte ihn ein und schenkte ihm den Ackerbau. Der Ackerbau ist also seinem Wesen nach ein göttliches Geschenk, das mit göttlicher Weisheit verbunden ist! Wir haben dieses göttliche Wissen verloren, aber der Weg zu ihm steht uns seit dem Ende des Kali Yuga (Kapitel 7) wieder offen. Wenn wir uns entscheiden, diesen Weg zu gehen, finden wir auch Persephone und die Sorge, die sie der Pflanzenwelt entgegenbringt in diesem geistigen Strom der Inspiration wieder. Was in diesem Buch noch nicht angesprochen wurde, ist das ‹Losgelöst sein voneinander›, d. h. der soziale Aspekt. Dies ist ein Thema, das mich zunehmend beschäftigt.

Denn ich sehe, dass wir mit unseren ökologischen und spirituellen Bemühungen stecken bleiben, wenn wir uns nicht ebenfalls deutlich auf der sozialen Ebene bewegen. Manche Autoren formulieren es noch krasser: keine ökologische Nachhaltigkeit ohne soziale Nachhaltigkeit.[1] Die Erkenntnis, dass der soziale Aspekt wichtig ist, um ökologische Ziele zu erreichen, dämmerte mir zuerst in meinem Fachgebiet, der Pflanzenzüchtung. In Kapitel 8 haben wir das Konzept der ‹Würde der Pflanze› kennengelernt und gesehen, dass Persephone die Hüterin dieser Würde ist. Ein besonderes Stadium im Lebenszyklus der Pflanzen ist der Samen (Kapitel 7), und auch dieses Stadium verdient Respekt. Ich habe gesehen, dass wir die Würde des Samens als Grundlage unserer Nahrung verlieren, wenn bestimmte Pflanzenarten jemandem gehören können und nicht mehr als Allgemeingut angesehen werden, als etwas, das zur Grundlage unserer Existenz gehört und zu dem alle Züchter und Erzeuger freien Zugang haben sollten. Das erfordert andere sozioökonomische Formen als beispielsweise das System der Patente auf Pflanzen, einfach gesagt: andere Erwerbsmodelle. Einkommensmodelle, die auf Kooperation statt auf Konkurrenz und Ausgrenzung beruhen.

Aber auch in anderen Gliedern der Nahrungskette als ihrem Anfang, der Züchtung, der Vermehrung und dem Saatguthandel, hat sich der Verlust des sozialen Zusammenhalts durchgesetzt. Wenn beispielsweise Bioprodukte nicht nur in einem Bioladen, sondern auch in einem normalen Supermarkt verkauft werden, besteht die Gefahr, dass diese Produkte in der Mühle der sich gegenseitig mit niedrigen Preisen konkurrenzierenden Supermärkte kommen, wodurch dem Landwirt ein fairer Preis vorenthalten wird. Der biologische Landbau bleibt dann Teil des Systems, das darauf abzielt, die Aktionäre zufriedenzustellen.

Der soziale Aspekt der Fairness ist einer der vier Grundwerte des ökologischen Landbaus: Gesundheit, Ökologie, Fairness und Sorgfalt.[2] Hier liegt eine weitere Herausforderung für den Biosektor! Während er bei den Aspekten Gesundheit, Ökologie und Sorgfalt in der Landwirtschaft eine Vorreiterrolle einnimmt, ist das Prinzip der Fairness noch nicht sehr ausgeprägt, zumindest nicht für alle sichtbar. Meine Frage im Rahmen dieses Buches ist, wie wir den sozialen Aspekt in der Lebensmittelproduktion gestalten können und ob es dabei auch eine Verbindung zu Persephone gibt. Gerade Letzteres ist für mich noch Neuland, aber ich möchte die ersten Konturen meiner Gedanken dazu skizzieren.

Soziale Herausforderungen

Wir wissen seit langem, dass wir als Menschheit weltweit unsere Erde überstrapazieren und die ökologisch sichere Grenze überschritten haben. Dies ist vor allem auf den Verlust der biologischen Vielfalt, den Klimawandel und den Anstieg von Phosphat und Stickstoff in Luft, Boden und Grundwasser zurückzuführen. Dies wurde vom schwedischen Wissenschaftler Johan Rockström 2009 gut beschrieben.[3]

Weniger bekannt ist, dass wir auch die sozialen Grundlagen der Gerechtigkeit, wie das Recht auf Nahrung, Gesundheit, Energie, Wohnung und Arbeit, untergraben. Die englische Ökonomin Kate Raworth hat dies 2018 mit ihrem ‹Donut-Modell› mit den zwei konzentrischen Ringen gezeigt. Der sichere und angemessene Raum für die Menschheit und für eine erneuerbare und faire Wirtschaft liegt zwischen der ökologischen Obergrenze und einer verantwortungsvollen sozialen Untergrenze.[4] (Abb. 35).

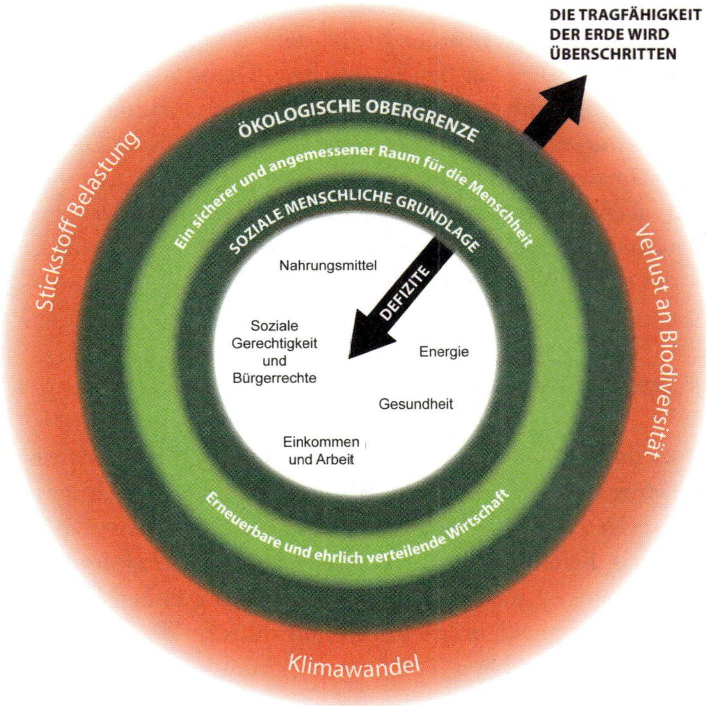

Abb. 35. Das ‹Donut›-Modell, das die sozialen und ökologischen Grenzen aufzeigt, innerhalb derer wir uns verantwortungsvoll entwickeln können. Frei nach Kate Raworth (2018).[5]

Wir sehen, dass die Wurzel vieler aktueller sozialer und politischer Unruhen in der Welt eine Nahrungsmittelkrise ist. Dies führt manchmal zu Kriegen und Migrationsströmen von Menschen, die hoffen, anderswo ihr Heil zu finden. Wir sehen auch immer deutlicher, dass unsere moderne westliche Produktionsweise einen globalen Klimawandel nach sich zieht.

Vor allem arme Länder in Afrika und Asien tragen die Folgen in Form von großflächigen Überschwemmungen durch Starkregen und andererseits extremer Dürre. In beiden Fällen führt dies zu Ernteausfällen.

Man könnte sagen, dass die vielen Aspekte der Nachhaltigkeitskrise nach mehr Aufmerksamkeit für Fairness in unserem täglichen Handeln rufen, sowohl gegenüber der Natur als auch gegenüber den Menschen, deren Lebensgrundlage bedroht ist. Ich sehe dies als einen moralischen Appell an jeden Bürger in der Gesellschaft. Denn nicht nur die Industrie oder die Landwirtschaft müssen sich ändern, auch die Bürgerinnen und Bürger müssen ihren Beitrag leisten, indem sie ihren Lebensstil ändern: sparsamerer Umgang mit Energie, weniger Fleisch, mehr Recycling von wertvollen Rohstoffen. Doch die notwendigen Veränderungen in der Lebensmittelproduktion und im Konsumverhalten ähneln einem Supertanker, der nur sehr langsam seinen Kurs ändert.

Neue soziale Zusammenhänge

Ein wesentlicher Grund, warum die notwendigen Veränderungen so langsam vonstatten gehen, ist oft nicht genügend berücksichtigt worden: der Verlust der Zusammengehörigkeit und Verbundenheit zwischen den verschiedenen Beteiligten in der Nahrungskette. Das hat der Rat für integrale nachhaltige Landwirtschaft und Ernährung in den Niederlanden (RIDLV) festgestellt, dem ich angehören durfte.[6] Wir sind uns kaum bewusst, dass die moderne Lebensmittelproduktion weitgehend von ihren ursprünglichen ökologischen und sozialen Zusammenhängen abgekoppelt wurde. Damit haben sich auch die Beziehungen zwischen den Akteuren der Nahrungskette verändert. Die Nahrungsmittelproduktion ist hochspezialisiert, und infolgedessen ist die Nahrungsmittelkette in eine Vielzahl von Einzelgliedern aufgespalten worden. Man denke nur an die Brotkette, in der auf die Getreideerzeuger Getreidehändler und Müller folgen, Industrien, die Hefe und andere Zusatzstoffe an Bäckereien, Bäcker, Großhändler und Geschäfte liefern und schließlich die Verbraucher. Viele Lebensmittel werden in verarbeiteter Form angeboten, und die Zutaten kommen in der Regel von weit her, wodurch sich die Entfernung zwischen Erzeuger und Verbraucher vergrößert hat.

Jedes Glied der Kette ist zu einem Selbstzweck geworden und kämpft um seine eigene Existenz. Dabei nimmt jedes Glied die Nachhaltigkeit als auf seine eigenen Möglichkeiten beschränkt wahr und betrachtet die anderen Elemente nicht als in seiner Verantwortung liegend. Das Ergebnis: Selbst wenn jedes Glied der Kette sein Möglichstes tut, um nachhaltig zu werden, werden viele Probleme nicht gelöst und es entstehen keine nachhaltigen Lebensmittelketten. So entsteht dasjenige, was der RIDLV *organisierte Verantwortungslosigkeit* nennt, ein System, in dem niemand wirklich den Überblick hat und sich für das Ganze verantwortlich fühlt.

Nur aus der Verbundenheit und Zusammengehörigkeit heraus können die Menschen eine Sorgfaltspflicht empfinden und Verantwortung übernehmen. Um aus dieser Falle der *organisierten Verantwortungslosigkeit* herauszukommen, müssen also neue Verbindungen zwischen den einzelnen Gliedern einer Kette und letztlich zwischen Erzeuger und Verbraucher entstehen. Wie sehen diese neuen Verbindungen aus, die es den Beteiligten in einer Kette ermöglichen, gemeinsame Nachhaltigkeitsziele zu verfolgen und zu kooperieren, anstatt um den niedrigsten oder besten Preis zu konkurrieren? Gemeinsamkeit gelingt nicht, wenn eine Kette linear organisiert ist, denn in einem solchen System sieht jeder nur das vorherige und das nächste Glied. Nötig ist eine Beratungsstruktur wie ein runder Tisch, an dem alle Glieder einer Kette teilnehmen und sich gegenseitig anschauen können. Dann können gemeinsame Ziele und Lösungen auf den Tisch gelegt und diskutiert werden, und auch, wie die Kosten in der Kette gerecht verteilt werden können. Natürlich ist dieser Prozess in kurzen, regionalen Ketten einfacher, da man sich dort leichter kennenlernt und einander vertraut.

Hoffnungsvoll stimmen die Initiativen von Verbrauchern, die sich um einen Bauernhof herum zusammenschließen, wie z. B. bei Abo-Betrieben. Hier wird in gemeinsamen Beratungen zwischen Landwirten und Kunden untersucht, welche Bedürfnisse jeder hat, was das Land bieten kann und was ein fairer Preis für Landwirt und Verbraucher ist. Ein weiteres Beispiel für das Streben nach einem fairen Preis für den Landwirt ist das Fair-Trade-Siegel für Kaffee und Bananen, mit dem auch der ökologische Landbau zunehmend in Verbindung gebracht wird. Damit verbunden ist das Ziel, die Preisgestaltung transparent zu gestalten, wie beim Bio-Großhändler *Eosta* unter dem Label *Nature & More*.[7]

Mit *True Cost Accounting* werden auch die Umweltauswirkungen in die Preisbildung einbezogen. In einem etwas größeren Zusammenhang sehen wir zum Beispiel, dass eine Bio-Einzelhandelskette wie *Odin* sich in eine Lebensmittelgenossenschaft umgewandelt hat, in der man als Verbraucher Mitglied werden und mitbestimmen kann. Außerdem kann man als Mitglied der Genossenschaft durch die wöchentliche Vorauszahlung seiner Lebensmittel zu neuen Wirtschaftsformen beitragen, die weniger von der Bankenfinanzierung abhängig sind.[8] Aber auch Nachbarschaftsinitiativen, die kollektiv Solaranlagen kaufen und auf ihren Dächern installieren, machen mir Hoffnung. Oder auch neue, stärker politisch orientierte Strukturen wie Bürgerräte, die einen repräsentativen Querschnitt der Bevölkerung bilden und gebeten werden, Lösungen für ein bestimmtes Problem zu erarbeiten.[9]

Obwohl es sich hierbei um Initiativen handelt, die noch weiterentwickelt werden müssen, werden auf diese Weise anfänglich neue soziale und wirtschaftliche Strukturen geübt. Alle diese Initiativen sind Versuche, vom Egoismus und vom Wettbewerbsmodell im Handel wegzukommen und nach Formen der Zusammenarbeit zu suchen, in denen wir aufeinander und auf die Erde Rücksicht nehmen können. Rudolf Steiner nannte dies das Streben nach Brüderlichkeit im Wirtschaftsleben.[10] Aus diesen und anderen relativ jungen Initiativen schöpfe ich Hoffnung, dass dieser Supertanker den Kurs ändern kann!

Dienende Führung

Andere, ökologisch angeregte sozioökonomische Arbeitsformen in unserer Lebensmittelproduktion erfordern auch eine andere Form der Führung. Nicht aus einer egozentrischen Herrscherhaltung heraus, sondern aus einer pflegenden Partnerschaftlichkeit. Diese Haltung spiegelt sich in dem wider, was in modernen Managementkreisen als *Servant Leadership* (Dienende Führung) verfolgt wird. Dabei geht es nicht um ein Management von oben nach unten, sondern darum, die Gestaltungskraft aus der Organisation selbst zuholen, also: Zusammenarbeit von unten nach oben und von innen heraus.[11]

Damit einhergehend verändert sich auch die Rolle des Biobauern.

Seine neue Rolle erfordert ein Gespür für die Abstimmung zwischen den verschiedenen Betriebszweigen wie Ackerbau, Viehzucht, Obstbau, Bienen und Kompostbewirtschaftung (siehe Abb. 36).

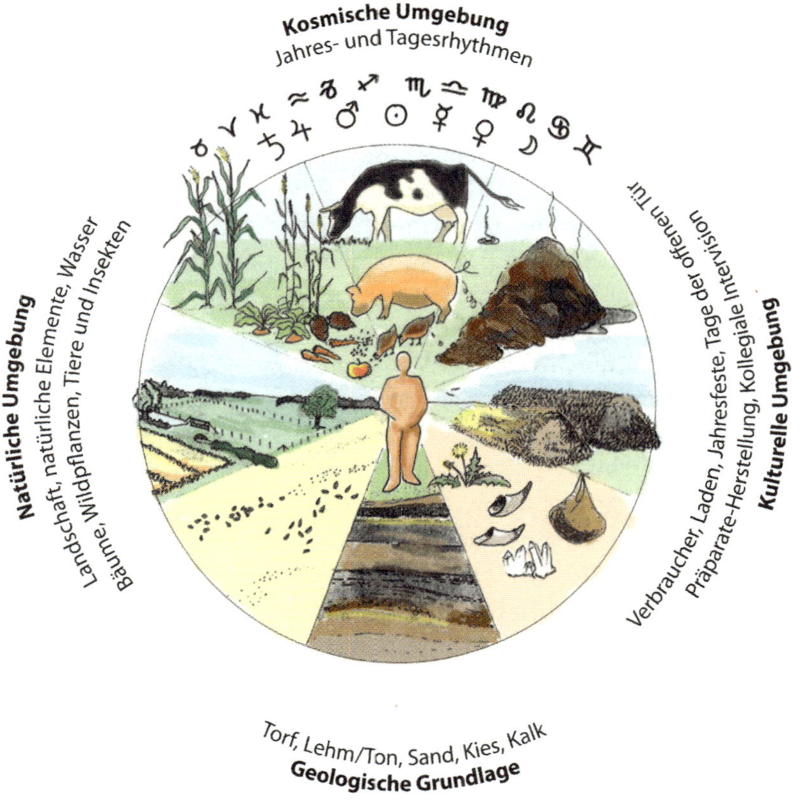

Abb. 36. Bild des landwirtschaftlichen Organismus mit seinen verschiedenen Organen, eingebettet in die geologische, natürliche, kulturelle und kosmische Umwelt. Im Zentrum steht der Landwirt in einer dienenden Funktion.

Indem er sich um die Verbindungen zwischen den verschiedenen Teilen kümmert, kann das Leben auf dem Hof fließen und ein stabiles Ökosystem entstehen.[12] Die Rolle des biologischen oder biodynamischen Landwirts kann dabei mit der eines Dirigenten verglichen werden, der die

Orchesterteile und die verschiedenen Instrumente so abstimmt, dass das eine das andere nicht übertönt und durch die gemeinsame Anstrengung eine harmonische Musik erklingen kann. Wenn man sich als Landwirt auf diese Weise um das Leben und die Resilienz des Hofes kümmert, überschreitet man mit seinem Denken eine erste wichtige Grenze, die Grenze zur nicht sichtbaren Welt. Denn das Leben ist dasjenige, was sich wie eine unsichtbare Kraft durch die physischen Phänomene hindurchzieht.

Um einen Bauernhof zu einer lebendigen Hofgemeinschaft zu machen, muss auch das soziale Leben gestaltet werden. Jeder Hof hat seine eigene Art der Zusammenarbeit mit Mitarbeitenden, Freiwilligen oder anderen Bewohnern und Beteiligten. Für den Wochenrhythmus kann ein gemeinsamer Wochenauftakt sorgen, etwa indem man mit den Mitarbeitenden über den Hof geht und schaut, was zu tun ist. Der Jahresrhythmus wird durch das Feiern von Jahresfesten geprägt, die oft von der Herstellung von Präparaten begleitet werden. Wenn solche Formen im Laufe der Hofentwicklung sich zu einem Ganzen mit eigener Identität zusammenschließen, kann sich ein geistiges Wesen mit dem Hof verbinden. Rudolf Steiner nennt dieses Wesen die Betriebsindividualität.[13]

Im Erleben einer Betriebsindividualität überschreitet man als Landwirt eine weitere Grenze. Das Denken im biologischen Landbau aus einer ökologischen Perspektive heraus bezieht die Natur mit ein. Wenn man sich darüber hinaus mit der spirituellen Realität hinter dem Leben auf dem Bauernhof verbindet, bezieht das Denken auch den Geist mit ein. Darin unterscheidet sich die biodynamische von der biologischen Sichtweise der Landwirtschaft. Zur Rolle des Landwirts als Dirigent kommt nun die Rolle einer ‹Hebamme› hinzu, die aus einer Haltung des Lauschens heraus nicht so sehr fragt: Was will ich als Landwirt?, sondern vielmehr: Was ist hier an diesem Ort gewollt? Was will hier geboren werden und in Erscheinung treten?

Hoffnung

Ich habe dieses Kapitel damit begonnen, dass wir uns im Laufe der Menschheitsentwicklung nicht nur von der geistigen Welt, sondern auch von der Natur und voneinander abgewendet haben. Den Weg zur erneuten Verbindung können wir als einzelne Menschen nicht allein gehen. Ohne Verbundenheit untereinander, mit der Erde und der kosmischen Welt können wir keine Verantwortung übernehmen und eine neue Moral oder Ethik entwickeln. Wir stehen heute an einem Wendepunkt: Werden wir uns aus unserer erworbenen Freiheit heraus anders zur Natur und zur Erde als Ganzes, zum Kosmos und zueinander als Mitbürger verhalten?

Glücklicherweise gibt es bereits hoffnungsvolle Initiativen, die einen Ausblick darauf geben, wie eine neue soziale, ökologische und spirituelle Verbundenheit aussehen kann. Einige davon sind bereits erwähnt worden. Ohne Hoffnung sieht die Zukunft düster aus. Hoffnung ist mehr als der Glaube, dass sich die Nachhaltigkeitskrise von selbst lösen wird, denn das wird nicht von selbst geschehen. Viele Menschen, vor allem junge Menschen, werden mutlos und befürchten, dass es bereits zu spät ist und die Erde nicht mehr gerettet werden kann. Immer öfter höre ich den Seufzer: Ist die Erde ohne den Menschen nicht besser dran? Diese Frage kann ich mir gut vorstellen, wenn man bedenkt, was der Mensch der Natur in den letzten Jahrzehnten angetan hat und noch immer antut. Die amerikanische Aktivistin Joanna Macy spricht dies in ihrem Buch *Active Hope*[14] an. Sie gibt zum Beispiel Klimaaktivisten viele Übungen, um ein Burnout zu vermeiden, wenn gewünschte und notwendige Veränderungen in der Gesellschaft zu langsam voranzugehen scheinen. Sie will vor dem Schmerz, den man mit der aktuellen Nachhaltigkeitskrise empfindet, nicht davonlaufen, sondern ihn als Ressource nutzen, indem man bei sich selbst prüft, wo die persönliche Leidenschaft liegt, das Richtige zu tun und einen Beitrag zu leisten. Und dabei ist es auch gut zu sehen, was bereits auf den Weg gebracht wird, was Licht in eine dunkle Welt bringt.

Zukunftkräfte der Persephone

Wir wissen aus Kapitel 7, dass das uralte, kosmische Hellsehen ‹geraubt› wurde und dem modernen irdischen Wissen, das die Menschen in den letzten Jahrhunderten entwickelt haben, weichen musste. Die Geschichte von Persephone kann als ein Bild dafür erlebt werden, wie die Seele des Menschen in die irdische Vergänglichkeit eintauchen musste, um zum Selbstbewusstsein zu gelangen. Wir haben auch gesehen, dass Persephone wieder auftauchen kann. Dann wird das menschliche Denken wieder lebendig. Wir erleben das Göttliche in der Natur wieder und integrieren Erde und Kosmos auf neue Weise. Wir haben mehrere Beispiele für lebendiges Denken gesehen. Durch diesen Auferstehungsprozess in der Seele wird es möglich, aus der Verbundenheit mit der Natur und ihrer Pflege zu handeln. Darin liegt die Verbindung der beiden Bilder von Persephone, Hüterin der Natur und Bild der Seele und ihres Übergangs von der Dunkelheit zum Licht.

Neu war für mich die Frage, ob die auferstandene Persephone auch Teil des Aufbaus neuer sozialer Beziehungen ist. Dabei stieß ich auf eine überraschende Aussage von Rudolf Steiner in einem Büchlein von Wolfgang Greiner.[15] Greiner beschreibt, dass sich das erwachende Ichbewusstsein in griechischer Zeit mit den Rätseln von Geburt und Tod und der Ungewissheit, woher der Mensch kommt und wohin er nach dem Tod geht, beschäftigte. Das *Heilige Drama von Eleusis* um den Raub der Persephone rückt dieses Thema in den Mittelpunkt. Greiner sucht aber auch im Persephone-Mythos nach der zukünftigen Aufgabe Persephones: Wo ist sie, was wird sie tun, wenn sie wieder auftaucht? Er verweist dann auf eines von Steiners Mysteriendramen, *Die Prüfung der Seele*, in dem der moderne Einweihungsweg erfahrbar gemacht wird. Darin erscheinen die zukünftigen Kräfte, die die Seele mit dem Kosmos verbinden, als drei verschiedene Wesen: Philia, Astrid und Luna. Rudolf Steiner nennt sie die *wahren Töchter der Demeter*, die geraubt wurden, aber verwandelt zurückkehren, um dem Menschen Glaube, Liebe und Hoffnung zu schenken.[16]

Diese drei Seelenqualitäten sind Urtugenden, und ich habe sie in der Kathedrale von Chartres als Teil der zwölf Tugendgöttinnen abgebildet gesehen. Aber in unserer Zeit müssen sie im Lichte von Persephones Mission weiter entwickelt werden. Persephone kehrt also als zukünftiges, dreifaches Wesen zurück; als eine neue Seelenkraft, die lehrt, das Göttliche im Werk der Natur wieder neu zu sehen. Ob damit nicht auch eine veränderte Sicht auf den Hades verbunden ist, werde ich in Kapitel 12 kurz erörtern.

Für den Moment ist Glaube für mich das Vertrauen in die Sichtweise, dass Erde und Kosmos miteinander verbunden sein sollten. Liebe sehe ich in der neuen Brüderlichkeit, in neuen sozioökonomischen Formen, wie sie zum Beispiel in kurzen biologischen Nahrungsketten entstehen. Und Hoffnung ist für mich die treibende Kraft für uns Menschen, in dieser komplexen Welt standhaft zu bleiben und nach neuen geeigneten Formen der Verbindung mit dem Geist, mit der Natur und untereinander zwischen den Menschen zu suchen. Das sind die Zukunftskräfte in der Seele des Menschen, die wir in der vor uns liegenden Zeit entwickeln müssen. Wir haben noch viel Arbeit vor uns, um diese Zukunftskräfte in verschiedenen Arbeitsbereichen anzuwenden und uns als Menschen darin zu schulen. Wir stehen also erst am Anfang, aber an einem hoffnungsvollen Anfang.

Kapitel 11 Ein himmlisches Erlebnis: Das Blumenparadies

An jenem Tag im Jahr 1963 war das Meer an der Südküste Englands wild, sehr wild. Es hatte in der Nacht heftig gestürmt. Die Wellen waren meterhoch und schlugen mit donnerndem Getöse an die Steilküste. Als 11-Jährige saß ich inmitten meiner englischen Familie auf der hohen Dünenklippe und beobachtete diesen beeindruckenden Anblick. Ich verspürte sofort einen unwiderstehlichen Drang, ins Meer zu gehen und mit den Naturgewalten zu wetteifern. Meine Mutter war sehr entschlossen: *Auf keinen Fall, viel zu gefährlich!* Aber dieser Drang blieb als eine Art Ursehnsucht in mir bestehen, ich wollte um jeden Preis in dieses Meer! Nach einer Stunde familiärer Beratung wurde schließlich beschlossen, es mit den Erwachsenen gemeinsam zu versuchen, die dem Abenteuer auch nicht abgeneigt waren. Sie stellten mich in der Mitte einer langen Kette von etwa sechs Onkeln und Tanten und meinem Vater auf, die sich fest an den Händen hielten, um sich der Brandung zu stellen. Dies führte zu einem Ereignis, dessen Bedeutung mir erst sehr viel später klar wurde, eigentlich erst, als die Verbindung zu Persephone in meinem Leben wichtig geworden war.

Ich hatte keine Angst, sondern war sehr aufgeregt. Dort unten in der Brandung zu stehen, war wirklich sehr beeindruckend. Ich kam mir winzig vor, denn die Wassermassen ragten weit über mich hinaus und durch den Lärm konnten wir uns nicht verstehen. Wir hatten nicht viel Zeit, denn bald kam die erste Welle über uns. Wir konnten sie gut abwehren und blieben aufrecht. Aber die zweite Welle war katastrophal. Die Kette wurde durch die Wucht der Welle sofort zerrissen, alle gingen unter und wurden in die tobende, wirbelnde Wellenmasse gesogen.

Und dann hatte ich ein wundersames Erlebnis. Ich verweilte sehr glückselig und friedlich in einer liebevollen, paradiesischen Umgebung aus Pflanzen und Blumen. Ich weiß nicht mehr, ob ich tatsächlich Musik hörte, aber es fühlte sich an, als wäre ich in eine Symphonie schöner Klänge eingebunden. Irgendwann sah ich mich selbst wie von oben herab mit dem Gesicht nach unten im Wasser schweben. Obwohl ich allmählich wieder Geräusche der Familie aus der Ferne hörte, drangen sie noch nicht wirklich zu mir durch. Ich versuchte, den friedlichen Moment, den ich gerade erlebt hatte, so lange wie möglich zu verlängern, denn in dieser liebevollen Blumenwelt wollte ich nur zu gern bleiben. Aber die Realität kehrte zurück. Ich weiß nicht mehr genau, wie ich an der Flutlinie aus dem Wasser auftauchte. Ich weiß nur noch, dass ich mich kaum noch auf den Beinen halten konnte, zusammenbrach und mit geschlossenen Augen am Strand liegen blieb. Währenddessen hörte ich die Aufregung und große Panik meiner Familie, die eifrig dabei war, den anderen aus dem Wasser zu helfen. Und meine Mutter schrie wütend über das Getöse hinweg: *Hatte ich es euch nicht gesagt! Das war unverantwortlich!* Aber das drang nicht wirklich zu mir durch. Ich verstand nicht, was geschah, und schloss lange Zeit die Augen. Ich fühlte mich hin- und hergerissen zwischen der rauen, irdischen Realität der Panik und der Schreie und diesem überwältigenden, liebevollen Bild. Wie sehr sehnte ich mich nach dieser himmlischen Umgebung …

Mein Vater musste sich noch sehr anstrengen, um meine Tante ans Ufer zu bringen, die abzutreiben drohte. Am Ende schafften es alle gesund und lebendig an den Strand, aber ich konnte weder meinen Eltern noch sonst jemandem in der Familie von meinem Erlebnis im Blumengarten erzählen, dafür war kein Platz. Die Niedergeschlagenheit in der Familie über das Geschehene war zu groß. Es wurde nicht mehr darüber gesprochen. Ich kämpfte jahrelang mit dieser ‹Meereserfahrung› und wusste nicht so recht, was ich damit anfangen sollte. Vor allem fühlte ich mich schuldig, weil ich nicht ‹zurückkehren› wollte, und schämte mich dafür. Auch deshalb habe ich mich nicht getraut, es jemandem zu sagen. Mit diesem Gefühl von Schuld und Scham lebte ich viele Jahre lang. Dass ich eine ‹Nahtoderfahrung› hatte, erfuhr ich erst viel später. Damals wusste ich das noch nicht, ich weiß nicht einmal, ob es das Wort damals schon gab.

In einer anderen Perspektive

Es dauerte lange, bis ich herausfand, was dieses Erlebnis im Meer für mich bedeutete, und es geschah in mehreren Schritten. Als ich 1991 das Rodin-Museum in Paris besuchte, beeindruckte mich die Skulptur

Die Welle von Camille Claudel, Rodins Muse (La Vague, 1900, siehe Abb. 37). Es tröstete mich, eine Gruppe von Frauen zu sehen, die glücklich, Hand in Hand, aber voller Ehrfurcht, einer großen Welle zusieht, die auf sie zukommt. Es tröstete mich, auch etwas von der Schönheit meiner eigenen, damals noch als traumatisch empfundenen Meereserfahrung zu erkennen. Ich erkannte meine ursprüngliche Neugier und meinen Drang, mich auf die Erfahrung mit diesen riesigen Wellen einzulassen. Seitdem hängt diese Abbildung in meinem Arbeitszimmer.

Abb. 37. La Vague (Die Welle). Camille Claudel (1900), Musée Rodin, Paris. Ausgeführt in Onyx und Bronze, 62 × 56 × 50 cm.

Als ich wiederum viele Jahre später eine deutliche Verbindung zu Persephone erlebt hatte, keimte in mir der Verdacht auf, dass es kein Zufall war, dass mir bei meiner ‹außerkörperlichen› Erfahrung ein Blumenparadies als Bild gegeben wurde. War das schon damals ein Weckruf von Persephone an mich?

Im Herbst 2021 nahm ich an einem Workshop mit Bastiaan Baan[1] zum Thema *Die verborgene Gegenwart Christi in der Natur* teil. Er besprach verschiedene Schriften und Gemälde von Künstlern, die ihr Erlebnis des

Lichtes des Christus in der Natur zum Ausdruck brachten. In diesem Vortrag forderte er die Teilnehmer als Intermezzo auf, mit dem Sitznachbarn zu überprüfen, ob man selbst eine solche Christus-Erfahrung gemacht hatte. Ich dachte, dass meine Meereserfahrung mit dem paradiesischen Bild der Pflanzen und Blumen dem sehr nahe kam. In dem Moment, in dem ich das sagte, kam das Bild zu mir zurück und ich sah nur, dass es ein Bild einer hell erleuchteten Pflanzen- und Blumenwelt war, wie auf einem stark überbelichteten Foto. Das Licht in meinem Paradiesbild stammte nicht aus einer bestimmten Quelle, sondern es schien, als ob das Licht von den Pflanzen und Blumen und um sie herum ausstrahlte! Erst da wurde mir wirklich deutlich, dass ich dazumal eine Christus-Erfahrung hatte.

Im Workshop wurde meine Aufmerksamkeit auf das Büchlein *Eine Weile im Blumenreich* von Barbro Karlén[2] gelenkt. Sie beschreibt eine nächtliche Vision von einem kurzen Aufenthalt auf einer paradiesischen Blumenwiese, die sie als kleines Kind erlebte. Ihre spezifische Lichterfahrung fasst sie für mich sehr erkennbar in einem Gedicht zusammen, dessen erste Strophe ich hier wiedergebe:

Im Blumenreich waltet stets Frieden
von Blumenreichzeit uns beschieden.
Das Licht ist's, das Frieden uns schenkt;
Wir selbst, dieses Blumenreichs Glieder,
wir strahlen die Farben nur wieder,
vom Blumenreichvater gelenkt.

Prozess der Aneignung

Die Reise der Entdeckung geht noch weiter. Nicht lange, nachdem ich zum ersten Mal eine mögliche Beziehung zwischen meiner spirituellen Meereserfahrung und Persephone erkannt hatte, traf ich zum ersten Mal jemanden, der als Kind ebenfalls eine Nahtoderfahrung gemacht hatte, die ihn für den Rest seines Lebens prägte und ihm die Möglichkeit gab, spirituelle Erfahrungen ernst zu nehmen. Fasziniert von der Geschichte des anderen tauschten wir unsere Erfahrungen aus, und er lieh mir ein

Buch eines amerikanischen Neurochirurgen über dessen eigene Nahtoderfahrung.[3] In meinem eigenen Bücherregal fand ich ein ungelesenes Buch von Pim van Lommel.[4]

Dieses Gespräch und die erwähnten Bücher beseitigten meine Zweifel, ob ich eine ‹echte› Nahtoderfahrung gehabt hatte. Ich lernte, dass es zwar gewisse Gesetzmäßigkeiten in den Bildern gibt, die man bei einer Nahtoderfahrung bekommt, die Bilder aber dennoch bei jedem Menschen sehr unterschiedlich sind. Es stellte sich heraus, dass paradiesische Bilder von Pflanzen und Blumen eine häufige Erfahrung sind. Es war auch tröstlich für mich zu lesen, dass die Schwierigkeit, wieder zurückzukehren, bei Nahtoderfahrungen häufig vorkommt. Es fühlte sich wie eine Bestätigung an, dass meine Erfahrung ‹real› war.

Es war ein neuer Schritt für mich, mir meine Meereserfahrung mehr und mehr anzueignen und sie in ihrer ganzen Fülle zu mir kommen zu lassen. Ich begann, diese Kindheitserfahrung mehr und mehr in den Kontext meiner Verbindung mit Persephone zu stellen. Das war wirklich ein Prozess des Ent-Deckens! Es ist für mich durch mein heutiges Erleben jetzt angemessener, dieses paradiesische Bild, das mir im Meer geschenkt wurde, nicht länger als ‹Nahtoderfahrung›, sondern als ‹Himmelserfahrung› zu bezeichnen.

Kapitel 12 Mein Weg in dieser Forschung

Wenn ich zurückblicke auf das, was mir die letzten Jahre bis hin zum Schreiben dieses Buches gebracht haben, frage ich mich, wann meine Verbindung zu Persephone eigentlich begonnen hat. Erst seit 2017 habe ich damit begonnen, ganz bewusst zu erforschen, mit welchem geistigen Wesen ich verbunden bin und was das für mich bedeutet. Das folgt nicht den üblichen Forschungsmethoden, wie ich sie aus der modernen Naturwissenschaft gewohnt bin, und doch fühle ich mich als Forscherin ganz in meinem Element. Die Forschung ist einfach anders, weil die Frage nach dem geistigen Strom, in dem man steht, direkt in die nicht sichtbare Welt führt. Ich gehe davon aus, dass die physische Welt von Geistwesen beseelt ist, und diese Geistwelt kann man erforschen. Die geisteswissenschaftliche Forschung erfordert unterschiedliche Forschungsmethoden, und ich werde einige Aspekte meines Forschungsweges besprechen.

Vier Methoden der Forschung

Erstens nutze ich die Meditation, um zu untersuchen, welche Bedeutung die Eindrücke haben könnten, die ich in Form von imaginativen Bildern oder Inspirationen mit Worten in Träumen oder während früherer Meditationen erhalte. Am Ende von Kapitel 1 habe ich bereits etwas über meine meditative Methode geschrieben, die mich konzentriert ‹in eine andere Ebene meines Seins› bringt. In dieser anderen Ebene des Seins kann ich mich auf eine Frage an die geistige Welt konzentrieren und mich für das öffnen, was die geistige Welt mir zuflüstern oder zeigen möchte. Astrid van Zon[1], mit der ich mich häufig über die Erforschung von Persephone austausche, fasste meine frühere Beschreibung treffend zusammen als:

> *Man stellt sich auf Fragen ein und lebt mit ihnen. Das tut man über einen langen Zeitraum hinweg. Es ist eine Art Dauerzustand, in dem sich Tag- und Nachtbewusstsein bewusst abwechseln. Es ist eine Art fließende*

Stimmung, in der die neugierige Haltung wichtig ist. Mir fällt auf, dass sich profane Zeit und Raum mit heiliger Zeit und Raum abwechseln und zunehmend ineinander übergehen. Dies führt zu immer mehr Nachtbewusstsein am Tag und der Möglichkeit, das Tagesbewusstsein bewusst und neugierig in das Nachtbewusstsein zu bringen.[2]

Neben der Schulung in Meditation gibt es noch eine zweite Form der Schulung, die ich für meine Forschungen brauchte. Ich musste lernen, wie ich ‹Lebensphänomene› untersuchen kann, sowohl an der Pflanze im Bereich meiner Tätigkeit als auch in meinem persönlichen Leben. Dies geschah manchmal parallel. So lernte ich zum Beispiel in einer für mich schwierigen Zeit, mich nicht an unerreichten, zu hoch gesteckten Endzielen zu messen, sondern mich mehr auf den Prozess zu konzentrieren und jeden noch so kleinen Schritt in die richtige Richtung zu schätzen. Ich konnte dies sofort in der Präparateforschung anwenden, indem ich den Prozess der Pflanzenentwicklung verfolgte und charakterisierte und nicht nur die Ernte am Ende maß und wog.

Ebenso lernte ich, schmerzhafte Ereignisse nicht als bloßes Pech und Traumata zu betrachten, sondern sie als Feuer- oder Wasserprobe zu sehen, ausgehend von der Frage: *Warum passiert mir das gerade jetzt in diesem Moment? Was bedeutet es für mich?*[3] Das hat mich gelehrt, Licht in die dunklen Erfahrungen in meinem Leben zu bringen, und mir geholfen, selbst wieder aus der Dunkelheit aufzusteigen und das Licht zu sehen. Und auch, wie ich mein inneres Licht nähren kann, damit ich beim nächsten Rückschlag nicht allzu leicht wieder in die Dunkelheit zurückfalle. Bei der Charakterisierung von Lebensphänomenen und dem Sprechenlassen von Phänomenen kam mir sicherlich zugute, dass ich in meiner beruflichen Forschungsarbeit am Louis Bolk Institut viel mit der goetheanistischen Phänomenologie gearbeitet habe (siehe Kapitel 4 und 7).

Eine dritte wichtige Forschungsmethode ist die Verwendung von Literatur, wie sie auch in der etablierten Forschung üblich ist. Man baut auf dem auf, was andere erforscht haben.

Abschließend möchte ich noch einen vierten Aspekt meines Forschungsweges erwähnen. Für mich ist es anregend, mich mit meinen Ergebnissen mit biodynamischen Landwirten oder anderen auszutauschen, die ebenfalls einen Weg suchen, sich mit der spirituellen Welt zu verbinden, und dies in ihre tägliche Arbeit im Umgang mit der Natur oder der Landwirtschaft integrieren wollen. Ich tat dies in Gesprächen oder durch Vorträge mit Raum für Fragen und Diskussionen. Durch Fragen meiner Gesprächspartner übe ich, Worte zu finden, die meine Ergebnisse interpretieren und diskutierbar machen. Dies geschah auch in den Workshops mit den Landwirten, in denen sie lernten, mit den Naturwesen zusammenzuarbeiten (Kapitel 9). Ihre Reaktionen und Fragen wiederum spornen mich an, weiter nach Antworten und Erkenntnissen zu suchen. Auf diese Weise wuchs und wächst diese Forschung.

Für mich ist der Forschungsprozess oft ein Hin- und Herpendeln zwischen dem inneren Bewegen und Meditieren über die eigenen Erfahrungen und dem Erhalt eines weiteren Hinweises von jemandem, mit dem man gesprochen hat. Manchmal beschließe ich einfach, etwas zu ‹parken›, weil ich es jetzt nicht herausfinden kann und es mehr Zeit braucht. Ich habe sehr davon profitiert, ein Tagebuch zu führen. Es hilft nicht nur dabei, besondere Ereignisse aufzuschreiben. Das Tagebuch ist auch ein wertvolles Nachschlagewerk, vor allem um sich an Details zu erinnern, die man manchmal vergisst, wie es bei Träumen leicht passiert.

Wie kann ich sicher sein, dass es sich um Persephone handelt?

Als ich entdeckte, dass ich mich im Strom von Persephone befinde, war ich mir innerlich sehr sicher, dass dies stimmt. Es ist ein inneres Gefühl der Gewissheit, das bei mir oft von Schock, Gänsehaut oder Tränen der Rührung begleitet wird. In der wissenschaftlichen gangbaren Forschung hat man bei der Planung eines Feldversuchs bereits die notwendigen Wiederholungen eingeplant und hofft, dass andere Wissenschaftler auf der Grundlage der Veröffentlichungen den Versuch zur Bestätigung wiederholen werden. Das ist in der geisteswissenschaftlichen Forschung nicht möglich, weil sie in einem biographischen Kontext stattfindet und damit an, in diesem Fall, meine Person gebunden ist. Natürlich gehe ich davon aus, dass zahlreiche Menschen über die Natur, die Landwirtschaft oder z. B. auch über Heilkräuter eine Verbindung zu Persephone haben, aber die Bedeutung in der persönlichen Biographie wird eine andere sein.

Was mir geholfen hat, ist, dass es in den letzten Jahren mehrere Erlebnisse, zum Beispiel in Form eines Traums, gab, die wie eine Bestätigung gewirkt haben. Zwei Jahre nach meiner Entdeckung von Persephone hatte ich einen besonderen Traum, den ich zunächst nicht verstand. Aber als ich lernte, wieder zu einem Traumbild zurückzukehren, um es zu erforschen und zu hinterfragen, konnte sich die wahre Bedeutung mit der Zeit entfalten. Dies möchte ich gerne teilen.

Ich träumte, dass ich durch eine Landschaft ging und die Anweisung erhielt, zwischen drei Workshops zu wählen. Der erste war ein Workshop, in dem eine Gruppe von Menschen in hellen, weißen und zartorangefarbenen Kleidern mit erhobenen Armen auf einem Hügel tanzte und schwärmerisch sang. In meinem Traum hatte ich nicht das Gefühl, mich ihnen anschließen zu müssen; das war nichts für mich. Ich ging weiter den Weg hinunter zum nächsten Workshop in einem quadratischen Raum in einem Haus mit einem ungeordneten Stapel von Stühlen, Tischen, Computern und Fernsehbildschirmen. Ich sah, dass einige der Leute hinter den Bildschirmen eingeschlafen waren, andere sah ich aktiv hinter ihren Computern arbeiten. Es wurde nicht gesprochen und es herrschte eine seltsame, ‹unheimliche› Atmosphäre. Wieder hatte ich nicht das Gefühl, dass dies ein Workshop für mich war. Also ging ich schnell wieder hinaus, weiter durch die Landschaft auf dem Weg zum dritten Workshop. Als ich am Eingang zu diesem Workshop ankam, stellte sich heraus, dass er als ‹Holocaust-Workshop› bezeichnet wurde. Ich zuckte zusammen und dachte entschlossen: Das mache ich nicht mit! Und schon gar nicht, weil ich ein sehr kleines Enkelkind bei mir hatte. Als ich an diesem Punkt ankam, wachte ich auf.

Ich war fassungslos über diesen Traum und konnte ihn nicht einordnen. Warum sollte ich zu einem solchen Workshop gehen? Das Nichtverstehen dieses Bildes machte mich auf Dauer unruhig und ich beschloss, das Bild noch einmal mit jemandem zu besprechen und zu hinterfragen, mit dem ich mich viel über geisteswissenschaftliche Forschung austausche.

Mein Gesprächspartner fragte sofort: Worum geht es denn bei diesem Workshop? Ich zögerte mit der Antwort, weil das Wort ‹Holocaust› in meinem Traum eine andere Bedeutung als das katastrophale Ereignis des Zweiten Weltkriegs haben könnte. Er fing sofort an, im Internet zu recherchieren, was der Begriff ‹Holocaust› sonst noch bedeuten könnte, und kam zum Ergebnis: totale Vernichtung von Leben. Das gefiel mir, denn das ist dasjenige, um das sich Persephone im Hinblick auf die Pflanzenwelt sorgt.

Dann erklärte mir mein Gesprächspartner, dass man in einer meditativen Haltung in die Traumwelt zurückkehren, in sie eintauchen und sich dann Fragen zu dem stellen kann, was man sieht oder was passiert, wenn man, wie in meinem Fall, diesen Workshop betritt. Ich dachte, dass es sich lohnt, dies zu erforschen, wollte mich aber zuerst mit Licht um mich herum schützen. Intuitiv entschied ich mich, mich in meinem Geist mit einem Mantel aus smaragdgrünem, viridianischem Licht zu umhüllen, bevor ich meditativ in diesen Workshop hinabstieg. Was ist mit meinem Enkelkind? Musste es mit in den Workshop oder vor der Tür bleiben? Für mein Gefühl war das Kind nun aus dem Bild verschwunden. Mit geschlossenen Augen konzentrierte ich mich auf das letzte Bild des Traums und versank in ihm. Ich wollte die Werkstatt betreten, hatte aber keine Ahnung, was mich dort erwarten würde. Ich gebe hier wieder, was ich in meinem Tagebuch darüber notiert habe:

Ich steige in einen unterirdischen Raum hinab, ich gehe aufmerksam, offen und lauschend. Zuerst komme ich an einem Raum mit sich bewegenden Körpern von Menschen in schwarzem Pech vorbei, die voller Selbstmitleid sind (so etwas wie das Höllentor des Bildhauers Rodin, an das ich mich erinnere), aber ich spüre, dass ich weitergehen muss und dass das jetzt nicht für mich bestimmt ist. Ich gehe in meinem Bild weiter, lausche und suche nach einem Zeichen oder Hinweis. Eine Gestalt erscheint von der Seite, geformt wie eine menschliche Figur und ganz in milchigem Weiß. Ich frage diese menschliche Gestalt, ob sie mit mir kommen will, es fühlt sich gut an. Sie begleitet mich schweigend diagonal hinter mir. Ich fühle mich geführt und gehe weiter in den nächsten Raum, der wie das Innerste, Allerheiligste eines Tempels aussieht. Dort steht ein Kreuz in hellem Licht und ich sehe plötzlich eine göttliche, leuchtende, weibliche

Gestalt in einem langen Gewand erscheinen, die ich sofort als Persephone wahrnehme und die mit dem Kreuz zusammenfällt.

Ich bin fassungslos und überwältigt und breche die Meditation ab; es gibt schon viel zu verarbeiten. Ich empfinde tiefe Dankbarkeit für diese Bilder! Ich erlebe sie als unmissverständliche Bestätigung, dass ich mich im Strom von Persephone befinde. Ein paar Tage später greife ich das Traumbild wieder auf, denn ich spüre, dass der ‹Workshop› noch nicht zu Ende ist. In meinem Tagebuch steht:

Ich tauchte wieder in das Bild des Workshop-Eingangs ein und ging denselben Weg durch die Höhle in den hinteren Raum und sah, dass ich vor Persephone kniete, und sie segnete mich mit ihren Händen auf meinem Kopf, und ich wusste, dass ich mit ihr verbunden war.

Was für eine beeindruckende Erfahrung, dass man ein Traumbild als Ausgangspunkt nehmen kann, um es meditativ zu erforschen, so dass das Bild zu sprechen beginnt! Dass Persephone in irgendeiner Weise mit Christus und dem Kreuz verbunden ist, wird mir immer klarer. Es erfordert mehr Forschung, um die Bedeutung wirklich zu erfassen.

Ich bin jedoch schon früher auf dieses Thema gestoßen. In Kapitel 4 wurde deutlich, dass die biodynamischen Präparate par excellence Instrumente von Persephone und auf ihr Wesen abgestimmt sind. Durch die spezifische Herstellungsmethode der Feldpräparate durchdringen sich Sommer- und Winterkräfte gegenseitig, und das ist auch dasjenige, was Persephone durch ihren Gang durch die Jahreszeiten tut: Erde und Kosmos verbinden. In diesem Zusammenhang kam mir damals das Bild des Kreuzes in den Sinn, in dem horizontale und vertikale Kräfte verbunden sind. Durch die Frage, was Persephone im Winter tut, wenn sie in die Erde hinabsteigt, wurde mir in Kapitel 6 klar, dass Persephone selbst im Dienst des Erde und Kosmos verbindenden Christus-Impulses steht. Denn indem Christus auf die Erde kam, hat er sich mit der Erde verbunden und die Seelenkräfte der Erde wurden ‹durchchristlicht›. Und mit den einatmenden und ausatmenden Seelenkräften der Erde, die die Jahreszeiten kennzeichnen, ist Persephone verbunden. Sie wirkt also im Christusstrom für die Erde. Hier passt auch die Bemerkung von Manfred Klett, dass, wenn Menschen aus freiem Willen und aus Liebe die Präparate herstellen und anwenden, neue Elementarwesen entstehen, die Christus dienen (Kapitel 6). Wenn wir diese großen Bilder wirklich ergründen können, können sie eine enorme Inspiration für die biodynamische Landwirtschaft sein.

Pflege der Beziehung zur Inspirationsquelle

Man empfängt Inspirationen von einem Geistwesen und gibt etwas zurück, indem man in der Welt handelt. Persephone hat einen eigenen schöpferischen Drang und sucht Hilfe bei der Verwirklichung dieser Mission durch mein Handeln und das vieler anderer, die mit der Natur zu tun haben. Ich weiß, dass ich frei entscheiden kann, wie und wann ich auf diese Aufforderung reagiere oder nicht. Dass ich Persephone unterstützen will, ist für mich keine Frage mehr, sondern nur noch wie ich das in meinem Leben konkret gestalten kann. Wie pflegt man eine solche Beziehung?

Ich selbst habe in den letzten Jahren ein tägliches Morgenritual gemacht, in dem ich eine Verbindung zwischen Erde und Kosmos herstelle. Dabei pflege ich eine Art Grundhaltung, nämlich jeden Tag Persephone zu dienen und aufmerksam zu sein für das, was an diesem Tag von mir verlangt wird. Dieses Morgenritual besteht aus einer kurzen Meditationsübung mit dreimaligen eurythmischen Gesten der Laute I-A-O. Beim I verbinde ich mich vom Scheitel aus mit den kosmischen Höhen und über die Wirbelsäule und das Steißbein mit den Erdentiefen. Beim A stehe ich mit leicht gespreizten Beinen und Armen. Zuerst als A nach unten, leicht zurückgelehnt in einer lauschenden Haltung. Ich spreche innerlich aus, dass ich lauschen will, was heute aus den Tiefen der Erde erklingen wird, und dass ich das mit meinem Herzen verbinden und durch mein Handeln dem Kosmos schenken will. Während ich dies innerlich ausspreche, bewege ich meine Arme von unten über mein Herz nach oben und mache mit meinen Händen eine gebende Geste. Dann folgt eine umgekehrte Geste vom Kosmos zur Erde. Ich hebe meine Arme weiter in einem A, aber jetzt nicht innerlich gebend, sondern lauschend. Ich öffne mich für das, was heute aus dem Kosmos erklingen will, und nehme es mir zu Herzen und gebe es in meinem Handeln an die Erde weiter. Dann stelle ich mich aufrecht hin und mache mit den Armen eine O-Geste aus der Mitte zwischen den Schulterblättern. Dabei sage ich innerlich, dass ich der Welt heute so gegenübertreten und sie umarmen möchte, im Bewusstsein der I- und A-Haltung in mir.

Jeder kann seine eigene Form finden, um eine Beziehung zu einem geistigen Wesen zu pflegen. Dies kann zum Beispiel auch durch einen passenden Spruch oder ein Gedicht geschehen.

Ein solches Morgenritual nährt nicht nur mein tägliches Bewusstsein für die Verbindung mit Persephone. Es ist auch eine Möglichkeit, mein inneres Licht mit einer hilfreichen, schützenden Kraft zu nähren, wenn ich zum Beispiel mit einem Vortrag über meine Forschungsergebnisse an die Öffentlichkeit gehe. Immerhin mache ich mich dann verletzlich. Manchmal überkommt mich dann der Zweifel: Habe ich die richtigen Worte gewählt und war ich nicht zu kurz? Wenn ich solchen Gedanken keine Beachtung schenke und sie achtlos abtue, beginnen diese Zweifel in den folgenden Tagen wie Dämonen in mir herumzuwühlen.[4] Ich brauche eine gute Vor- und Nachbereitung, dann werde ich von solchen Störern weniger belästigt. Dann kann ich ihnen sogar einen Platz einräumen, indem sie darauf hinweisen, wo ich es hätte besser machen können. Es erfordert Ehrlichkeit sich selbst gegenüber, man sollte keine Scheu haben, zu bemerken, dass es manchmal nicht gut gelungen ist.[5]

Mit welcher Persephone habe ich es zu tun?

In diesem Buch wurden mehrere Erscheinungsformen von Persephone besprochen. In Kapitel 2 habe ich drei Quellen skizziert, in denen Persephone für mich sichtbar wird: die griechische Mythologie, die Schule von Chartres und Rudolf Steiners schriftliches und mündliches Werk. Es sind Quellen aus drei verschiedenen Epochen, und Persephone erscheint in diesen Epochen jedes Mal in einer anderen Gestalt, in einer anderen Beziehung zur Natur, aber auch zur menschlichen Seele. Ich möchte diese verschiedenen Gestalten näher betrachten, weil ich mir zu Beginn dieses Buches die Frage gestellt habe: Mit welcher Persephone habe ich es zu tun?

Persephone aus der griechischen Mythologie ist ein Bild für den Ursprung allen Lebens auf der Erde und die Verbindung der Natur und ihrer vier Jahreszeiten mit der göttlichen Welt. Die Menschen in vorchristlicher Zeit sahen diesen Zusammenhang dank ihrer damaligen traumhaften Hellsichtigkeit direkt. In der zweiten Quelle, den Schriften der Schule von Chartres aus dem frühen Mittelalter, erscheint Persephone als die Göttin Natura. In dem von Alanus ab Insulis gezeichneten Bild wird Christus auf ihre Fürsprache hin als ‹neuer Mensch› auf der Erde geboren. Sie ist hier die christianisierte Version der griechischen Persephone und wird als *Helferin Christi* bezeichnet.[6]

Siebenhundert Jahre später entwirft Rudolf Steiner in seiner Weihnachtsbetrachtung von 1924 Persephone ebenfalls im Lichte des Christus-Impulses, jedoch unter Berücksichtigung der Tatsache, dass wir heute in einer Zeit leben, in der Michael Zeitgeist ist. Der Mensch mit seinem nun eroberten Selbstbewusstsein kann sich frei dafür entscheiden, die Natur als vergeistigte und belebte Welt zu betrachten und mit ihr in dieser Weise umzugehen. Dann betritt er einen Weg, der ausgehend vom Herzen den Mittelweg sucht zwischen den luziferischen Versuchungen, den Geist zu wählen und der Erde zu entsagen, und den ahrimanischen Versuchungen des Materialismus, ohne den Geist als Realität einzubeziehen.

Neben ihrer Eigenschaft als Naturgöttin haben wir Persephone in einer vierten Gestalt kennengelernt, nämlich als Bild für die Verbindung der Seele mit der geistigen Welt. Dieser ehemals natürliche Kontakt mit dem Geist versinkt in der ‹Unterwelt›, d.h. im Unbewussten. Er kann aber auch, dem Licht zustrebend, wieder auftauchen (siehe Kapitel 7). Dieses Thema zieht sich tatsächlich durch die drei Erscheinungen der Persephone. Darin können wir die Entwicklung der menschlichen Seele durch drei Epochen sehen: von der Entwicklung der Empfindungsseele (Lernen, seine Gefühle zu erkennen), über eine Periode der Entwicklung der Verstandesseele (Lernen, Beobachtungen mit dem Verstand zu durchdringen, Naturwissenschaft), bis zu der Zeit, in der wir jetzt leben und die Bewusstseinsseele entwickeln (Lernen, aus dem Selbstbewusstsein heraus im Leben zu stehen).[7] Dies ist auch die Entwicklung, die jeder Mensch individuell in seinem Leben vom Kleinkind zum Erwachsenen durchläuft.

Die vier Gestalten, in denen Persephone erscheint, sind auch heute noch aktuell. Und es kommt eben darauf an, aus welchem Blickwinkel oder aus welcher Situation heraus man Persephone betrachtet, welchem spezifischen Aspekt des Wesens Persephone man begegnet. Zumindest erlebe ich es selbst so. Lassen Sie mich als Beispiel noch einmal auf mein Meer-Erlebnis zurückblicken (Kapitel 11). Dieses habe ich zunächst als emotional und traumatisch erlebt. Es dauerte viele Jahre, bis ich erkannte, dass es sich um eine Nahtoderfahrung handelte. Das war eine nüchterne, sachliche Feststellung. Erst vor kurzem wurde mir klar, dass ich mit diesem paradiesischen Bild mit den Blumen und Pflanzen eine Christus-Erfahrung haben durfte. Angesichts meiner Verbindung zu Persephone sehe ich diese Erfahrung jetzt auch nicht mehr als Zufall, sondern als einen Weckruf von ihr. Diesen Prozess finde ich im Bild der griechischen Mythologie wieder. Ich bin zunächst in meine Seelendunkelheit eingetaucht, die ich nach und nach immer mehr erhellen konnte, so dass ich sie heute als Ausdruck von etwas Geistigem sehen kann.

Ich erkenne die Persephone aus der Schule von Chartres in mir wieder, wenn ich mich um die Unversehrtheit der Pflanzen und um einen moralischen Umgang mit den Pflanzen in der Züchtung bemühe. Und wenn ich auf meine Suche nach dem Verständnis der Wirkungsweise biodynamischer Feldpräparate zurückblicke, begegne ich der Persephone im Christusstrom, wie Steiner sie in seiner Weihnachtsbetrachtung von 1924 beschrieben hat und wie ich sie in den Kapiteln 4, 5 und 6 beleuchtet habe. In diesem Licht sehe ich auch die Vertiefung meines Umgangs mit den Naturwesen als Persephones Helfern. Mit Staunen sehe ich, wie alle möglichen Ereignisse und Vorgänge in meiner persönlichen und meiner Arbeitsbiographie in einem Zusammenhang stehend erscheinen, wenn ich sie im Lichte von Persephone sehe.

Mit welchem Hades habe ich es zu tun?

Die gleiche Frage, die ich in Bezug auf Persephone gestellt habe, stelle ich auch in Bezug auf Hades, den Gott der Unterwelt und des Totenreichs. Ich stelle fest, dass ich im Laufe meiner Persephone-Forschung begonnen habe, eine andere Beziehung zu Hades aufzubauen.

Der erste Moment der Verwunderung trat ein, als ich 2018 in Peru in die Inka-Kultur eintauchte und feststellte, dass das Totenreich dort keine dramatischen oder negativen Gefühle mit sich brachte. Im Gegenteil, die Inkas betrachteten das Totenreich als Teil der kosmischen Wirklichkeit, als das Reich, in dem ihre verstorbenen Vorfahren wohnen und in dem die Weisheit ist. Es wurde nicht unterschieden, ob die Toten je nach ihren Taten in den Himmel oder in die Hölle kommen. Und auch die Peruaner von heute erleben das Totenreich als Teil ihrer kosmischen Wirklichkeit und wollen ihre Toten in ihr tägliches Leben einbeziehen.

Mein zweiter Moment des Staunens ergab sich bei der Suche nach Bildern von Persephone für dieses Buch. Ich sah zwei Arten von Bildern von Persephone und Hades. Viele Darstellungen auf altgriechischen Töpfen und Vasen sowie auf späteren Skulpturen und Gemälden zeigen das Drama des Raubes von Persephone. Wir sehen, wie sie gegen ihren Willen, heftig um Hilfe rufend, von einem mächtigen, starken Hades entführt wird. Diese Situation kann man sehr gut nachempfinden, wenn man das Gemälde von Rembrandt (Abb. 4 in Kapitel 2) oder die Marmorstatue von Bernini (siehe Abb. 38) betrachtet. Man merkt: In solchen Kunstwerken kommt auch zum Tragen, wie die Künstler die Unterwelt, in der Persephone verschwindet, erleben.

In ihrer Interpretation dieser dunklen Welt schimmert hindurch, wie die Erde durch den Sündenfall gezeichnet war, bevor Christus als Sonnenwesen eine Verbindung mit der Erde und der Menschheit einging.

Gegenüber diesen dramatischen Bildern des Raubes der Persephone fand ich eine andere Art von Bildern, auf denen Persephone und Hades in einer friedlicheren Beziehung zusammen auf dem Thron sitzen, wie z. B. auf dem Tontisch in Bild 39. Die Götter haben hier Attribute, die auf ihre gebende Natur hinweisen. Persephone hält ein Huhn und ein Bündel Ähren in ihrer Hand. Und Hades zeigt die Schale des Überflusses und einen Zweig des weißen Affodil (*Asphodelus albus*), einer Pflanze, die in der griechischen Mythologie mit der Welt der Toten assoziiert wird und auf vielen Sarkophagen abgebildet ist.

Dieses kleine Relief hat mich eine Weile verwirrt, denn hier wird Persephone nicht als traurige Frau dargestellt, die gegen ihren Willen festgehalten wird, sondern mit einem Lächeln. Und Hades hat einen Zweig einer blühenden Pflanze in der Hand. Das hätte ich von einem Gott des

Abb. 38. Der Raub der Persephone durch Hades von Gian Lorenzo Bernini, 1622. Galleria Borghese in Rom. Im Hintergrund ist der dreiköpfige Wachhund der Unterwelt, Cerberus, zu sehen.

Abb. 39. Hades und Persephone als Fürsten der Unterwelt, 490–450 v. Chr., Terrakotta-Weiherelief, 27,6 × 20 cm, aus Lokri. Jetzt im Archäologischen Nationalmuseum in Reggio Calabria in Italien.

Totenreichs nicht erwartet. Es ist, als würde das Totenreich seine Dunkelheit verlieren, so als hätte Persephone Hades mit nach oben genommen. Diese Stimmung weckt keine Angst, sondern sie ist von Frieden durchdrungen. Drückt sich hier eine Versöhnung aus? Sind dies der Hades und die Persephone der Zukunft?

Ich fühle mich stark an ein eindrucksvolles Fresko erinnert (Abb. 40), das ein Ereignis darstellt, das in den Apokryphen beschrieben wird: dass am Stillen Samstag vor Ostern das Christuswesen in das Totenreich eintritt und die Verstorbenen befreit und sich mit ihnen in seiner Auferstehung vereint.[8] Daher vermute ich, dass der künftige Hades viel eher ein Wesen ist, das wir lernen können zu umarmen.

Abb. 40. Anastasis. Fresko in einer Kuppel der südlichen Apsis der Chora-Kirche (Kariye Camii) in Istanbul. Dargestellt ist, wie Christus mit der rechten Hand den Urvater Adam und mit der anderen Hand möglicherweise Eva bei den Händen nimmt und sie zusammen mit den anderen Toten befreit.

Rudolf Steiner gibt ein Zukunftsbild, wie wir im Lichte der Apokalypse mit dem Tod umgehen können[9]:

Während dieser Epoche verändert der Mensch sein Bewusstsein so, dass er das Arbeiten, das Wirken, das Werk des Todes an sich durchschaut. Er wird es durchschauen lernen, aber er wird es nicht so durchschauen, dass ihm in jedem Augenblick sein Alter, das er erreichen kann, vor der Seele steht. Sehen wird er das Arbeiten des Todes an sich. Er wird den Tod fortwährend als Begleiter um sich haben. Um sich haben wird er ihn natürlich, aber was neu geschaffen werden muss auf den verschiedenen Lebensgebieten, das ist, dass der Mensch einen seelischen Gehalt wird haben müssen, der ihm dieses Den-Tod-neben-sich-stehen-Haben als etwas Naturgemäßes erscheinen lässt. In sich die Kräfte ewigen Seelenwachens erweckt zu haben, das bedeutet: den Tod neben sich als einen guten Freund immerfort als Begleiter haben zu können.

Dieser Text verstärkt das Gefühl, dass das Bild auf der Tontafel tatsächlich als Versöhnung zwischen Persephone und Hades gesehen werden kann. Wir müssen also lernen, z. B. die Verstorbenen als Begleiter in unsere täglichen Aktivitäten einzubeziehen, indem wir sie um Rat fragen. Einerseits sind sie uns als Erdenmenschen nahe und können uns andererseits helfen, Zugang zur kosmischen Weisheit zu finden.

Persephone in der Zukunft

Wie oben dargelegt, hat Persephone als göttliches Wesen im Laufe der Zeit eine Entwicklung durchgemacht, die in den verschiedenen Erscheinungsformen, über die berichtet wurde, zum Ausdruck kommt. Und wir haben auch gerade gesehen, dass Persephones Entwicklung weitergeht. Ihre Beziehung zu Hades ist nicht so einseitig, wie man aufgrund der mythischen Geschichte annehmen könnte, sondern unterliegt ebenfalls einem Wandel im Laufe der Zeit. Dies ist für mich noch ein neues und anspruchsvolles Forschungsgebiet, dessen erste Umrisse ich bereits in Kapitel 10 gezeichnet habe, als es um die zukünftige Persephone als Trägerin von Glaube, Liebe und Hoffnung ging.

Die zukünftige Aufgabe der Persephone erweist sich auch als eine der Fragen, die Ita Wegman viel mit Rudolf Steiner besprochen hat.[10] Als Ärztin ist Ita Wegman diejenige, die eng mit Rudolf Steiner an der

Erneuerung der Medizin gearbeitet hat. Sie fühlte sich eng mit Persephone-Natura verbunden und nannte ihre Zeitschrift, in der sie viel über Medizin und Heilpflanzen veröffentlichte, *Natura*. Ganz am Ende der umfangreichen Biographie, die Emanuel Zeylmans van Emmichoven über Ita Wegman geschrieben hat, findet sich eine Notiz von Rudolf Steiner für Ita Wegman.[11] Darauf zeichnet er ein Bild, das darauf hinzuweisen scheint, dass Persephone-Natura aus dem Bereich der Sonne stammt und in die Erde hinabgestiegen ist, wo die Erdgeistwesen leben. Er fügt hinzu, dass diese Elementarwesen im Gegensatz zu den Menschen und Persephone-Natura keine Verbindung zu Michael haben. Es ist die Aufgabe der Menschen, diese Wesen in den Dienst von Michael zu führen. Dies ist nur möglich, wenn sich die Menschen mit Persephone-Natura verbinden, denn sie kennt das Feld der Elementarwesen. Und auf der Rückseite dieser kleinen Notiz schrieb Ita Wegman: ‹*Er will Persephone neu erzählen. Aufgabe für mich?*

1930, nach Steiners Tod, schrieb sie mit Walter Johannes Stein das *Persephoneia-Spiel*[12]. Es sollte im anthroposophischen Jugendlager Stakenberg, in den Niederlanden, aufgeführt werden, aber die Aufführung kam nicht zustande, weil die Qualität für eine Aufführung als Theaterstück noch unzureichend war. Interessanterweise handelt das *Heilige Drama von Eleusis*, in dem Persephone unter ihren Raub durch Hades litt, von der Geburt des Ich aus der himmlischen Weisheit (siehe Kapitel 2). Dieses Ich wird immer unabhängiger vom traditionellen Denken der Gemeinschaft, aus der man abstammt. Im *Persephoneia-Spiel* geht es dagegen um den zukünftigen, christlichen Weg des Ich zur neuen Gemeinschaft der Liebe. Persephone ist in diesem Spiel ein eigenständig handelndes Wesen. Es gibt keine Hilfe mehr von Zeus und Demeter, um sie aus der Unterwelt zu retten. Hades kann sie nur kurz herunterziehen, denn sobald sie erkennt, dass sie in der Unterwelt gefangen ist, befreit sie sich. Doch sie will nicht alleine aufsteigen, sondern aus ihrem Wunsch, Götter und Menschen zu verbinden, die gesamte Menschheit mitnehmen. Das *Persephoneia-Spiel* ist das Spiel der zukünftigen menschlichen Bruderschaft.

Ich erkenne in dieser zukünftigen Gestalt der Persephone das Streben nach neuen Gesellschaftsformen für den verantwortungsvollen Umgang mit unserer Erde, wofür ich in Kapitel 10 Beispiele beschrieben habe. Dieses Buch mit den obigen Hinweisen zur neuen Aufgabe von Persephone und Hades ist nur ein Zwischenstand meiner Forschungen. Ich freue mich darauf, in den nächsten Jahren zu erforschen, was der Persephone-Impuls und insbesondere die Rolle des Hades für die Zukunft der Erde und für die gesamte Menschheit, d. h. sowohl für die Lebenden als auch für die Toten, bedeuten kann.

Danksagung

Dieses Buch wäre ohne das große Engagement von Wolter Bos und Bart Muijres vom Verlag Pentagon, Amsterdam nicht zustande gekommen. Ich schätze mich glücklich, einen Lektor wie Wolter mit seinem inhaltlich scharfen und sachkundigen Blick zu haben. Dieses Buch ist zum Teil dank ihm entstanden.

Während des Schreibens haben mir mehrere Personen als kritische Gegenleser geholfen. Ihnen möchte ich an dieser Stelle meinen Dank aussprechen: Jaap van de Weg, Astrid van Zon, Joke Beekman, Willem Beekman, Machteld Huber, Paul Struik.

Aber natürlich ist diesem Buch ein ganzer Prozess vorausgegangen, in dem ich Schritt für Schritt Persephone und ihre Wirkung auf mich und die Pflanzenwelt entdeckt habe. Dabei danke ich vielen Menschen als liebe Gesprächspartner: Anna Schwerdtfeger (†), Jaap van de Weg, Niek und Jozien Vos, Elsa Vink Brouwer, Astrid van Zon, Joke Beekman, Willem Beekman, Casper Post Uiterweer, Bastiaan Baan, David Borghhouts, Jan Bokhorst (†), Henk Verhoog, Ruth Richter, Johannes Wirz, Paul und Ulrike Mackay, Anita Bakers-Logtenberg und vielen anderen. Eine besondere Rolle spielte mein Partner Paul Struik, der sich täglich geduldig meine begeisterten Erzählungen anhörte und sie hinterfragte.

Ein großes Dankeschön geht schließlich an alle Landwirte, mit denen ich zusammengearbeitet habe, die mich inspirierten und *mich mit beiden Beinen auf dem Boden hielten*.

Anmerkungen

* Letzte Strophe des Gedichts Lux aeterna in: Antjie Krog (2020). Broze Aarde. Een mis voor het universum. Podium, Amsterdam. Übersetzt von Edith Lammerts van Bueren.

Anmerkungen Kapitel 1

1 Jaap van de Weg, Arzt und Geisteswissenschaftler, siehe https://www.jaapvandeweg.nl/. Bücher: u.a. J. van de Weg (2008). Vom Sinn der Hindernisse. Einweihungsmotive im täglichen Leben. Urachhaus, Stuttgart, Deutschland. Und: Jaap van de Weg (2007). Hinter dem Schleier. Meditation für Einsteiger. Urachhaus, Stuttgart, Deutschland.

2 Die Arbeitsgruppe Genmanipulation und Urteilsbildung (kurz Geno-Gruppe genannt) war eine interdisziplinäre Arbeitsgruppe von elf Wissenschaftlern in den Niederlanden, die gegründet wurde, um aus der Anthroposophie Erkenntnisse über die Bedeutung der Genmanipulation zu gewinnen. Die Arbeitsgruppe bestand von 1989 bis 1999 und wurde vom Louis Bolk Institut aus koordiniert. Die Geno-Arbeitsgruppe organisierte Symposien im In- und Ausland, zusammen mit If*gene* (z.B. The Future of DNA, Dornach 1996) und veröffentlichte regelmäßig Rundbriefe und Bücher. Für unsere Arbeitsgruppe war es wichtig, zu lernen, einen ‹machtfreien› Dialog zu führen. Das bedeutet, dass jeder die Wahrheit aus einer anderen Perspektive sieht und dass es durchaus möglich ist, unterschiedlicher Meinung zu sein, sich aber gegenseitig als Menschen zu respektieren. Einen machtfreien Dialog zu führen, erfordert auch ein gewisses Maß an Selbsterkenntnis nach dem Motto: *Schuster bleib bei deinem Leisten*. Das bedeutet, dass man sich aus der eigenen, persönlichen Kraft und Expertise heraus an der Debatte beteiligt und vor allem seine Aufgabe nicht größer macht als sie tatsächlich ist, indem man z.B. meint, die ganze Welt retten zu können oder zu müssen.

3 Hans Peter van Manen (1989). Sophia und Persephone. Anthroposophische Impulse in der Umweltschutzbewegung. Verlag am Goetheanum, Dornach, Schweiz.

4 Rudolf Steiner (2013). Die Sendung Michaels. Die Offenbarung der eigentlichen Geheimnisse des Menschenwesens. Rudolf Steiner Verlag, Dornach, Schweiz.

Anmerkungen Kapitel 2

1 Helene P. Foley (1993). The Homeric hymn to Demeter. Translation, commentary, and interpretive essays. (Der homerische Hymnus an Demeter. Übersetzung, Kommentar und interpretierende Essays). Princeton University Press, New Jersey, USA.

2 Aus mehreren Vorträgen Rudolf Steiners geht hervor, dass die Göttin Persephone aus der griechischen Mythologie die gleiche Figur ist wie die Göttin Natura, so wie sie in der Schule von Chartres im frühen Mittelalter beschrieben wurde. Es gibt viele Bücher über die Schule von Chartres, die ich konsultiert habe. Unter ihnen: Karl Heyer (1926). Das Wunder von Chartres. J. Ch. Mellinger Verlag, Stuttgart. Verschiedene Vorträge von Rudolf Steiner über die Schule von Chartres und ihre Lehrer. W. F. Veltman (1991). Chartres. Vrij Geestesleven, Zeist. Frank Teichmann (2005). Der Mensch und sein Tempel/Chartres. Schule und Kathedrale. Urachhaus, Stuttgart, Deutschland.

3 Rudolf Steiner (2020). Anthroposophische Leitsätze. Der Erkenntnisweg der Anthroposophie – Das Michael-Mysterium. GA 26. Siehe: Weihnachtsbetrachtung – Das Logos-Mysterium. Goetheanum, zu Weihnacht 1924. Rudolf Steiner Verlag, Dornach, Schweiz.

4 Rudolf Steiner (2017). Die Mission einzelner Volksseelen im Zu-

sammenhange mit der germanisch-nordischen Mythologie. GA 121. Rudolf Steiner Verlag, Dornach, Schweiz.

5 Welche Bedeutung hat die Narzisse? Der Mythos erzählt nur, dass Persephone diese Blume nicht pflücken soll, da sie sich sonst ins Verderben stürzt. Die Narzisse ist eine typische Frühlingspflanze, die früh abstirbt. Sie zieht sich bis zum nächsten Jahr in die Zwiebel zurück. Was mich fasziniert, ist, dass sie als Zwiebelpflanze einen Großteil des Jahres unterirdisch lebt, nicht als Samen oder mehrjähriges Wurzelsystem, sondern als ganze Pflanze – mit Wurzeln, Stammscheibe und Blättern (Röcken). In dieser Phase als Zwiebel ist die Narzisse jedoch eine Pflanze, die ihre Lichtqualität verloren hat. Diese gewinnt sie erst wieder, wenn sie aus der Erde auftaucht und dann wieder blüht. Das ähnelt dem Schicksal der Persephone, was Demeter ihr gerne erspart hätte. Aufgrund dieser Phänomene könnte man sagen, dass die Narzisse eine Pflanze ist, die mit dem Irdischen verbunden ist, mehr noch als viele andere krautartige Pflanzen, die sich durch Samen vermehren.

6 Bernard Lievegoed (1991). Mensheidsperspektieven. Oude mysteriën en de cultuur van de toekomst. Vrij Geestesleven, Zeist, Niederlande.

7 Wolfgang Greiner (1982). Eleusis. Göttermythos und Einweihungsweg. Geisteswissenschaftliche Vorträge. Philosophisch-Anthroposophischer Verlag Goetheanum, Dornach, Schweiz.

8 Bernardus Silvestris (1989). Über die allumfassende Einheit der Welt (De Mundi Universitate. Megacosmos et Microcosmos). J.Ch. Mellinger Verlag, Stuttgart, Deutschland.

9 Alanus ab Insulis (ca. 1128–1203) beschreibt seine erste Vision in dem Buch *Über die Klage der Natur (De planctu naturae)*. Siehe: De Planctu Naturae / Die Klage der Natur / Text und Studien zur Europäischen Geistesgeschichte, Reihe A Bd. 2. Lateinischer Text,

Übersetzung und philologisch-philosophischer Kommentar von Johannes B. Köhler. Aschendorff Verlag, Münster, Deutschland.

10 Alanus ab Insulis beschreibt seine zweite Vision in einem späteren Buch *AntiClaudianus*. Der Originaltext ist auf Latein. Ich habe zwei Übersetzungen verwendet. 1. Übersetzt ins Englische mit Kommentar: Alain von Lille (1973). Anticlaudianus. The Good and Perfect Man. Pontifical Institute of Mediaeval Studies, Toronto, Kanada. 2. Übersetzt ins Deutsche mit Kommentar: Wilhelm Rath (1983). Alanus ab Insulis, Der Anticlaudian oder die Bücher von der himmlischen Erschaffung des neuen Menschen. Aus der Schule von Chartres. Band II. J. Ch. Mellinger Verlag, Stuttgart, Deutschland.

11 Fiona Macleod (2009). St. Bride von den Inseln, und andere keltische Legenden. Verlag Urachhaus, Stuttgart, Deutschland.

12. Bastiaan Baan (2006). Der Herr der Elemente: Naturwesen in christlicher Sicht. Urachhaus, Stuttgart, Deutschland.

13 Rudolf Steiner (1998). Mysteriengestaltungen. GA 232. Rudolf Steiner Verlag, Dornach, Schweiz.

14 Der aufmerksame Leser von Rudolf Steiners Vorträgen über Persephone wird feststellen, dass er manchmal die lateinischen und manchmal die griechischen Namen der Götter verwendet. Pluto ist der lateinische Name von Hades und Proserpina der von Persephone. Ich verwende in diesem Buch durchweg die griechischen Namen. Übrigens wird Persephone auch unter dem Beinamen Kore verehrt, was soviel wie ‹Mädchen› bedeutet.

15 Edouard Schuré (2006). Die großen Eingeweihten: Geheimlehren der Religionen. Anaconda Verlag, Köln, Deutschland.

16 Rudolf Steiner (2021). Bühnenbearbeitungen I: Dramen Edouard Schurés. Das Heilige Drama von Eleusis / Die Kinder des Luzifer /

Die Seelenhüterin / Vorworte zu Werken Edouard Schurés. GA 42. Rudolf Steiner Verlag, Dornach, Schweiz.

17 Rudolf Steiner (1998). Vier Mysteriendramen. GA 14. Rudolf Steiner Verlag, Dornach, Schweiz.

18 Siehe Anmerkung 3.

Anmerkungen Kapitel 3

1 Rudolf Steiner (1993). Der Mensch als Zusammenklang des schaffenden, bildenden und gestaltenden Weltenwortes. GA 230. Rudolf Steiner Verlag, Dornach, Schweiz.

2 Dick van Romunde (1988). Planten waarnemen: Elementaarwezens beleven. Vrij Geestesleven, Zeist, Niederlande.

3 Siehe Anmerkung 1.

4 Rudolf Steiner (2008). Die geistigen Wesenheiten in den Himmelskörpern und Naturreichen. GA 136, Rudolf Steiner Verlag, Dornach, Schweiz.

5 Bernard Lievegoed (1991). Mensheidsperspektieven. Oude mysteriën en de cultuur van de toekomst. Vrij Geestesleven, Zeist, Niederlande.

6 Joop van Dam (1988). Persephone, de mens en de aardetoekomst. Autoreferat eines Vortrags bei der Weihnachtsfeier 1987 und veröffentlicht 1988 im Anthroposofische Mededelingenblad 43 (3): 62–67.

7 Rudolf Steiner (1991). Geistige Hierarchien und ihre Widerspiegelung in der physischen Welt. GA 110. Rudolf Steiner Verlag, Dornach, Schweiz.

8 Frits Julius (1962). Over het omgaan met natuurgeesten I, II, III. Mededelingen voor leden van de Antroposofische Vereniging in Nederland, Den Haag (NL). Veröffentlicht in Nr. 5: 92–97; Nr. 6: 109–113; Nr. 7/8: 131–136.

9 Siehe Anmerkung 2.

10 Verena Stael von Holstein und Friedrich Pfannenschmidt (2004). Gespräche mit Müller I: Feinstofflicher Austausch mit Geistwesenheiten. Flensburger Hefte, Flensburg, Deutschland. Thomas Mayer (2008). Rettet die Elementarwesen. Neue Erde Verlag, Saarbrücken, Deutschland; Karsten Massei (2012). Die Schule der Elementarwesen. Futurum Verlag, Basel, Schweiz.

11 Tanis Helliwell (1997). Summer with the Leprechauns. A true story. Blue Dolphin Publishing, Nevada City, USA.

12 Siehe fünfter Vortrag vom 7. April 1912 in: Rudolf Steiner (2008). Die geistigen Wesenheiten in den Himmelskörpern und Naturreichen. GA 136, Rudolf Steiner Verlag, Dornach, Schweiz.

13 Siehe Anmerkung 8: Over het omgaan met natuurgeesten I.

14 Siehe Anmerkung 1.

15 Rudolf Steiner (2022). Landwirtschaftlicher Kurs. Geisteswissenschaftliche Grundlagen zum Gedeihen der Landwirtschaft. GA 327. Rudolf Steiner Verlag, Basel, Schweiz.

Anmerkungen Kapitel 4

1 Die goetheanistische Phänomenologie basiert auf der Art und Weise, wie Goethe (1749–1832) bereits im 18. Jahrhundert Lebensphänomene studierte. Sie wurde von Rudolf Steiner weiterentwickelt und dann vor allem von Jochen Bockemühl bearbeitet

und veröffentlicht (Jochen Bockemühl (1982). Lebenszusammenhänge – erkennen, erleben, gestalten. Naturwissenschaftliche Sektion der Freien Hochschule für Geisteswissenschaft am Goetheanum, Dornach, Schweiz. Siehe auch Kapitel 7 in diesem Buch.

2 Eine Bemerkung zur verwendeten Terminologie. Verwirrung kann vielleicht durch die Bezeichnung ‹Feldpräparate› entstehen. Ich verwende den Begriff Feldpräparate anstelle von Spritzpräparaten, weil Spritzen oft mit dem Einsatz chemischer Pestizide verbunden ist. Insbesondere konzentriert sich meine Forschung auf die beiden Feldpräparate und nicht auf die sechs Kompostpräparate.

3 Edith Lammerts van Bueren en Joke Beekman-de Jonge (1995). Biologisch-dynamische Spuitpreparaten in ontwikkeling – 70 jaar praktijk, onderzoek en visie in Nederland. Louis Bolk Institut, Driebergen (NL). Für die Online-Version siehe: https://bdvereniging.nl/bdlandbouw/publicatie-over-spuitpreparaten-nog-steeds-actueel

4 Rudolf Steiner (2022). Landwirtschaftlicher Kurs. Geisteswissenschaftliche Grundlagen zum Gedeihen der Landwirtschaft. GA 327. Rudolf Steiner Verlag, Basel, Schweiz.

5 Manfred Klett (2021). Von der Agrartechnologie zur Landbaukunst. Wesenszüge des biologisch-dynamischen Landbaus. Eine Landwirtschaft der Zukunft. Verlag am Goetheanum, Dornach, Schweiz.

6 Siehe Anmerkung 3.

7 Edith Lammerts van Bueren en Liesbeth Bisterbosch (1990). De werking van de biologisch-dynamische spuitpreparaten; kas- en vollegrondsla 1989. Louis Bolk Institut, Driebergen, Niederlande.

8 Die Steigbildmethode ist eine der bildschaffende Methoden, siehe M. Engqvist (1977). Die Steigbildmethode, ein Indikator für Lebensprozesse in der Pflanze. Vittorio Klostermann, Frankfurt am Main. http://www.biodynamic-research.net/rf/meth/bild

9 Edith Lammerts van Bueren und Jan Bokhorst (1989). Kopfsalat unter Folie und Vlies. Eine Untersuchung des Louis Bolk Instituts. Das Goetheanum. Wochenschrift für Anthroposophie 68 (23): 204–205.

10 Albert de Vries (1988). De beoordeling van grasland, een methodisch onderzoek. (Die Bewertung von Grünland, eine methodische Studie). Louis Bolk Institut, Driebergen, Niederlande.

11 Albert de Vries (1991). Schöpferisches Erforschen der (Betriebs-) individualität: Arbeit mit Präparaten innerhalb der Landwirtschaft. Stiftung für Forschung in Eigenarbeit, Arnheim. https://academievoorervarendleren.nl/wp-content/uploads/2019/05/Sch%C3%B6pferisches-erforschen-der-Betriebsindividualit%C3%A4t-1.pdf

12 Jacob Streit (2017). Sonne und Kreuz. Irland zwischen Megalithkultur und frühem Christentum. Verlag Freies Geistesleben, Stuttgart, Deutschland.

Anmerkungen Kapitel 5

1 Rudolf Steiner (1995). Weltenwunder, Seelenprüfungen und Geistesoffenbarungen. GA 129. Rudolf Steiner Verlag, Dornach, Schweiz. (Erster und insbesondere zweiter Vortrag vom 18. bzw. 19. August 1911, München).

2 Bernard Lievegoed (2012). Der Mensch an der Schwelle: Biografische Krisen und Entwicklungsmöglichkeiten. Freies Geistesleben, Stuttgart, Deutschland.

3 Jaap van de Weg (1999). Vom Sinn der Hindernisse. Einweihungsmotive im täglichen Leben. Urachhaus, Stuttgart, Deutschland.

4 *Ecce Homo* bedeutet *Siehe der Mensch* oder *Das ist der Mensch*. Die-

ser Spruch erschien in: Rudolf Steiner (2019). Wahrspruchworte. GA 40. Rudolf Steiner Verlag, Dornach, Schweiz.

5 Thomas Meyer (1999). Ein Leben für den Geist. Ehrenfried Pfeiffer (1899–1962). Perseus Verlag, Basel, Schweiz.

6 Ein Vergleich mit den ‹Masthühnern›, wie wir sie aus den öffentlichen Debatten über die zu schnell wachsenden Hühner in der Massentierhaltung kennen, drängt sich auf. Diese sind zum Zeitpunkt der Schlachtung unverhältnismäßig groß und können sich kaum noch auf den Beinen halten.

7 Jasmin Peschke (2021). Vom Acker auf den Teller. Was Lebensmittel wirklich gesund macht. atVerlag, Aarau, Schweiz.

8 Jan Bokhorst, siehe https://www.goedbodembeheer.nl/kwaliteitsnormen-e-d.

9 Joop van Dam (2014). Biologisch-dynamische landbouw als helende impuls. Pentagon, Amsterdam.

10 Rudolf Steiner (2022). Landwirtschaftlicher Kurs. Geisteswissenschaftliche Grundlagen zum Gedeihen der Landwirtschaft. GA 327. Rudolf Steiner Verlag, Basel, Schweiz.

Anmerkungen Kapitel 6

1 Rudolf Steiner (2018). Der Kreislauf des Jahres. GA 233. Vrij Geestesleven, Zeist, Niederlande.

2 Wolter Bos (2017). De vier jaarfeesten en onze verbinding met de natuur. Pentagon, Amsterdam, Niederlande.

3 Erna Casparé (1976). Wat gebeurt er bij het ontstaan van zaad? Vruchtbare Aarde 34 (3): 12–13.

4 Adelbert von Keyserlingk (2018). Koberwitz 1924: Die Geburtsstunde einer neuen Landwirtschaft. Books On Demand. McFarland, Wisconsin, USA.

5 Rudolf Steiner (1993). Der Mensch als Zusammenklang des schaffenden, bildenden und gestaltenden Weltenwortes. GA 230. Rudolf Steiner Verlag, Dornach, Schweiz.

6 Erna Caspare (1976). Erna Caspare (1976). Winter – een geboortefeest. Vruchtbare Aarde 34 (4): 14–16.

7 In GA 26 (siehe Anmerkung 12) hat Rudolf Steiner geschrieben: *Persephone ist in das Irdische untergetaucht, um die Pflanzenwelt davon zu befreien, bloß vom Irdischen sich bilden zu müssen.* Und weiter: *Persephone steigt nieder, um die Natur in ihre ursprüngliche Orientierung zu bringen.* Was mit dieser *ursprünglichen Orientierung* gemeint ist, habe ich in Kapitel 4 beschrieben: Mit den Präparaten kann die Pflanze den Mittelweg zwischen irdischen und kosmischen Kräften, und zwischen einem zu starken Frühlingsimpuls und einer zu starken Erstarrung unter zu dürftigen Bedingungen finden. Durch die Wirkung der Präparate kommt die ‹Idee› als das Wesen der Pflanze besser in der ‹Stofflichkeit› zum Ausdruck (siehe auch Kapitel 7).

8 Erst bei der Taufe Jesu im Jordan durch Johannes den Täufer kann sich das Christuswesen mit der Gestalt Jesu verbinden.

9 Wilhelm Rath (1983). Alanus ab Insulis, Der Anticlaudianer oder die Bücher von der himmlischen Erschaffung des Neuen Menschen. Aus der Schule von Chartres, Band II. J. Ch. Wellinger Verlag, Stuttgart, Deutschland.

10 Fiona Macleod (2009). St. Bride von den Inseln, und andere keltische Legenden. Verlag Urachhaus, Stuttgart, Deutschland. Fiona Macleod war das Pseudonym des schottischen Dichters William Sharp (1855–1905), der in seiner Jugend unter den Kelten in den

schottischen Highlands lebte und viel über die Kultur und die Mysterienweisheit der alten Kelten schrieb.

11 Siehe u. a.: Rudolf Steiner (1983). Das Weihnachtsfest als wahres Zeichen des Sonnensieges, Berlin, 14. Dezember 1905. In: GA 54. Die Welträtsel und die Anthroposophie. Rudolf Steiner Verlag, Dornach, Schweiz.

12 Rudolf Steiner (2020). Anthroposophische Leitsätze. Der Erkenntnisweg der Anthroposophie – Das Michael-Mysterium. GA 26. Siehe: Weihnachtsbetrachtung – Das Logos-Mysterium. Goetheanum, zu Weihnacht 1924. Rudolf Steiner Verlag, Dornach, Schweiz.

13 Rudolf Steiner (1990). Der Jahreskreislauf als Atmungsvorgang der Erde und die vier großen Festeszeiten. Die Anthroposophie und das menschliche Gemüt. GA 223. 1. Vortrag. Rudolf Steiner Verlag, Dornach, Schweiz.

14 Siehe Anmerkung 12.

15 Manfred Klett erwähnte dies schon einmal 1997 in den Niederlanden in einem Vortrag über die Akasha-Chronik und die biologisch-dynamische Landwirtschaft. Ein Bericht hierüber kann unter http://www.vrijgeestesleven.be/diabasis/b15klett.htm nachgelesen werden.

16 Rudolf Steiner (2012). Der Christus-Impuls im historischen Werdegang, GA 130 (2. Vortrag). Rudolf Steiner Verlag, Basel, Schweiz.

17 Thomas Mayer (2008). Rettet die Elementarwesen. Neue Erde Verlag, Saarbrücken, Deutschland.

18 Marko Pogačnik (1998). Erdsysteme und Christuskraft. Droemersche Verlagsanstalt Th. Knaur Nachf., München, Deutschland.

Anmerkungen Kapitel 7

1 Rudolf Steiner (1995). Weltenwunder, Seelenprüfungen und Geistesoffenbarungen. GA 129, Rudolf Steiner Verlag, Dornach, Schweiz.

2 Rudolf Steiner (1988). Die Geschichte der Menschheit und die Weltanschauungen der Kulturvölker, GA 353, Vortrag 26. März und 12. April 1924. Rudolf Steiner Verlag, Dornach, Schweiz.

Rudolf Steiner (2010). Die Verantwortung des Menschen für die Weltentwicklung durch seinen geistigen Zusammenhang mit dem Erdplaneten und der Sternenwelt. GA 293. Vortrag am 27. März 1921. Die Auferstehung. Aus GA 203. Rudolf Steiner Verlag, Dornach, Schweiz.

Rudolf Steiner (1983). Die Welträtsel und die Anthroposophie, GA 54. Vortrag 12. April 1906. Rudolf Steiner Verlag, Dornach, Schweiz.

Rudolf Steiner (1999). Wege der geistigen Erkenntnis und der Erneuerung künstlerischer Weltanschauung. GA 161. Vortrag am 2. und 3. April 1915. Rudolf Steiner Verlag, Dornach, Schweiz.

3 Siehe auch Adonisfeste zu Ehren von Aphrodite und Adonis. Siehe https://stringfixer.com/nl/Athenian_festivals

4 Willem Beekman (2022). Ode aan de zon. Verhalen over de relatie tussen de aarde en de zon. Christofoor, Zeist, Niederlande.

5 In Übersetzung: Francis Bacon (1986). Neu-Atlantis. Reclam, Ditzingen, Deutschland.

6 Jaap van de Weg (2008). Vom Sinn der Hindernisse. Einweihungsmotive im täglichen Leben. Urachhaus, Stuttgart, Deutschland.

7 Humus voor de mensheid / voor en van Derk Klein Bramel. De Groene Gans. ISBN 978-90-831337-0-6).

8 Für bildformende Methoden, siehe http://www.biodynamic-research.net und siehe https://www.crystal-lab.nl/. Siehe auch: Jasmin Peschke (2021). Vom Acker auf den Teller. Was Lebensmittel wirklich gesund macht. atVerlag, Aarau, Schweiz. Oder: Dorian Schmidt (2021). Lebenskräfte – Bildekräfte. Methodische Grundlagen zur Erforschung des Lebendigen. Freies Geistesleben, Stuttgart, Deutschland.

9 Die ersten Artikel, die Jochen Bockemühl zu diesem Thema schrieb, waren: Jochen Bockemühl (1966). Bildende Bewegungen im Laubblattbereich höherer Pflanzen. Elemente der Naturwissenschaft 4: 7–23. Und: Jochen Bockemühl (1967). Äußerungen des Zeitleibes in den Bildebewegungen der Pflanze. Elemente der Naturwissenschaft 7: 25–30. Viele weitere Artikel folgten.

10 Johann Wolfgang Goethe (1982). Die Metamorphose der Pflanzen. Hofenberg, Berlin, Deutschland.

11 Rudolf Steiner (1990). Goethes Weltanschauung. GA 6. Rudolf Steiner Verlag, Dornach, Schweiz.

12 Willem Beekman (2020). Openbaar geheim. Levensverhalen opgetekend door een bioloog. Christofoor, Zeist, Niederlande.

13 Frits H. Julius (1979). Metamorphose. Vrij Geestesleven, Zeist, Niederlande.

14 Jochen Bockemühl (1982). Lebenszusammenhänge – erkennen, erleben, gestalten. Naturwissenschaftliche Sektion der Freien Hochschule für Geisteswissenschaft am Goetheanum, Dornach, Schweiz.

15 1860 veröffentlichte Guido Gezelle eines seiner bekanntesten flä-

mischen Gedichte *Als de ziele luistert* in seiner Sammlung XXXIII *Kleengedichtjes*.

16 Joke Bloksma en Machteld Huber (2002). Groei en differentiering – Levensprocessen bij voedingsgewassen. Louis Bolk Institut, Driebergen. https://www.louisbolk.nl/sites/default/files/publication/pdf/1410.pdf

Anmerkungen Kapitel 8

1 Terminator-Samen, siehe https://en.wikipedia.org/wiki/Genetic_use_restriction_technology

2 Petran Kockelkoren (1993). Van een plantaardig naar een plant-waardig bestaan. Ethische aspecten van biotechnologie bij planten. Ministerie van Landbouw, Natuur en Visserij, Den Haag, Niederlande. https://edepot.wur.nl/163799.

3 Henk Verhoog (1992). The concept of intrinsic value and transgenic animals. Journal of Agricultural and Environmental Ethics 5 (2): 147–160.

4 Dieses Bild ist nur in der niederländischen Ausgabe erschienen, Seite 73, In: Jochen Bockemühl (1982). Levensprocessen in de natuur. Vrij Geestesleven, Zeist, Niederlande.

5 Edith T. Lammerts van Bueren, Paul C. Struik, Marjolein Tiemens-Hulscher & Evert Jacobsen (2003). The concepts of intrinsic value and integrity of plants in organic plant breeding and propagation. Crop Science 43: 1922–1929.

6 Die männliche Sterilität wird in der konventionellen Züchtung bei Kohlpflanzen eingesetzt, um in großem Maßstab F1-Hybridsorten zu erzeugen, bei denen man zwei verschiedene Elternlinien kreuzen möchte. Um zu verhindern, dass die mütterliche Linie sich selbst

bestäubt und unerwünschte Inzuchtpflanzen hervorbringt, muss die mütterliche Linie männlich steril gemacht werden (d. h. sie darf keinen Pollen produzieren), damit nur Pollen von der väterlichen Pflanze empfangen werden kann.

7 Eine Erläuterung der vier Grundprinzipien des ökologischen Landbaus, wie sie von IFOAM-Organics International formuliert wurden, ist zu finden unter: https://www.ifoam.bio/why-organic/shaping-agriculture/four-principles-organic

8 Henk Verhoog (2004). Waarom de biologische landbouw tegen gentechnologie is. Louis Bolk Institut, Driebergen, Niederlande. Siehe: https://www.louisbolk.nl/sites/default/files/publication/pdf/1340.pdf

9 Ruth Richter, Jos van Damme, Johannes Wirz (2011). Unintended phenotypic effects of single gene insertions in potatoes – assessing developmental dynamics and leaf morphology. Elemente der Naturwissenschaft 95: 9–24.

Anmerkungen Kapitel 9

1 Roland & Lieke Schwaiger-Dijkstra (2017). Leven met Natuurwezens – Over wie zij zijn, hoe zij werken en wat zij van ons vragen. Uitgeverij Nearchus, Assen.

2 Siehe z. B.: Anna Cecilia Grünn (2015). Atem der Erde. Die Natur im Spiegel der Jahreszeiten und die Verantwortung des Menschen – mit praktischen Beispielen. Flensburger Hefte Verlag, Weida, Deutschland.

3 Ernst-Michael Kranich (1995). Chemie verstehen. Freies Geistesleben, Stuttgart. Und: Manfred von Mackensen (2001). Prozesschemie aus spirituellem Ansatz. Pädagogische Forschungsstelle, Kassel, Deutschland.

Anmerkungen Kapitel 10

1 Christine A. King (2008). Community resilience and contemporary agri-ecological systems: reconnecting people and food, and people with people. Systems Research and Behavioral Science 25: 111–124.

2 Für die vier Grundprinzipien des ökologischen Landbaus, siehe https://www.oekolandbau.de/verarbeitung/unternehmen/nachhaltigkeit/wir-muessen-reden-trainees-im-gespraech/

3 Johan Rockström et al. A safe operating space for humanity. Nature 461: 472–475. https://doi.org/10.1038/461472a

4 Kate Raworth (2018). Doughnut economics – seven ways to think like a 21st-century economist. Random House UK, London.

6 Wouter van der Weijden et al. (2012). Towards an integral approach to sustainable agriculture and healthy nutrition. Vision of the Scientific Council for Integral Sustainable Agriculture and Nutrition (RIDL&V), Zeist, Niederlande. http://www.ridlv.nl/

7 Eosta, siehe https://www.eosta.com/nl/nature-more

8 Foodcoop Odin, siehe https://www.odin.nl/over-odin/cooperatie/

9 Siehe zum Beispiel: https://www.bureauburgerberaad.nl/

10 Rudolf Steiner (2022). Die Kernpunkte der Sozialen Frage in den Lebensnotwendigkeiten der Gegenwart und Zukunft. Rudolf Steiner Verlag, Dornach, Schweiz.

11 Es gibt inzwischen eine Menge Literatur über dienende Führung. Inspirierend war für mich: Joseph Jaworksi (2011). Synchronicity. The Inner Path of Leadership. Berrett-Koehler Publishers / McGraw-Hill Professional, Australien.

12 Ton Baars (1990). Het bosecosysteem als beeld voor het bedrijfsorganisme in de biologisch-dynamische landbouw. Louis Bolk Instituut, Driebergen, Niederlande.

13 Rudolf Steiner (2022). Landwirtschaftlicher Kurs. Geisteswissenschaftliche Grundlagen zum Gedeihen der Landwirtschaft. GA 327. Rudolf Steiner Verlag, Basel, Schweiz.

14 Joanna Macy und Chris Johnstone (2014). Hoffnung durch Handeln. Dem Chaos standhalten, ohne verrückt zu werden. Junfermann, Paderborn, Deutschland.

15 Wolfgang Greiner (1982). Eleusis. Göttermythos und Einweihungsweg. Geisteswissenschaftliche Vorträge. Philosophisch-Anthroposophischer Verlag Goetheanum, Dornach, Schweiz.

16 Rudolf Steiner (1977). Weltenwunder, Seelenprüfungen und Geistesoffenbarungen. Erster Vortrag (18.8.1911), GA 129. Rudolf Steiner Verlag, Dornach, Schweiz.

Anmerkungen Kapitel 11

1 Bastiaan Baan ist Priester der Christengemeinschaft in Zeist (NL) und hat u. a. das Buch *Der Herr der Elemente* geschrieben.

2 Barbro Karlén (1992). Eine Weile im Blumenreich, Perseus Verlag, Basel, Schweiz.

3 Alexander Eben (2013). Blick in die Ewigkeit: Die faszinierende Nahtoderfahrung eines Neurochirurgen. Ansata Verlag, München, Deutschland.

4 Pim van Lommel (2023). Endloses Bewusstsein. Neue medizinische Fakten zur Nahtoderfahrung. Patmos-Verlag, Eschbach, Deutschland.

Anmerkungen Kapitel 12

1 Astrid van Zon war zuletzt sieben Jahre lang für den biodynamische Pflege- und Anbaubetrieb Urtica De Vijfsprong (NL) verantwortlich.

2 Mircea Eliade (2006). Das Heilige und das Profane. Vom Wesen des Religiösen. Suhrkamp, Berlin, Deutschland.

3 Jaap van de Weg (2008). Vom Sinn der Hindernisse. Einweihungsmotive im täglichen Leben. Urachhaus, Stuttgart, Deutschland.

4 Johannes Greiner (2020). Persephone. Die Frage nach der neuen Gemeinschaft. Edouard Schuré – Das Heilige Drama von Eleusis. Ita Wegman / Walter Johannes Stein – Das Persephoneia-Spiel. Edition Widar, Hamburg, Deutschland.

5 Jaap van de Weg (2011). Welten und Wesen. Die Seele als Schauplatz geistiger Wirkungen. Urachhaus, Stuttgart, Deutschland.

6 Rudolf Steiner (1982). Wie erlangt man Erkenntnisse der höheren Welten? GA 10. Rudolf Steiner Verlag, Dornach, Schweiz.

7 Rudolf Steiner (1991). Esoterische Betrachtungen karmischer Zusammenhänge Band 3. GA 237. Rudolf Steiner Verlag, Dornach, Schweiz.

8 Rudolf Steiner (2019). Metamorphosen des Seelenlebens – Pfade der Seelenerlebnisse. GA 58. Rudolf Steiner Verlag, Dornach, Schweiz.

9 Walter Schafarschik (2023). Noli me tangere. Das Goetheanum, Wochenschrift für Anthroposophie. Ausgabe 14–15: 18–22. Siehe auch: Rudolf Steiner (2020). Das Ereignis der Christus-Erscheinungen in der ätherischen Welt. GA 118, Vortrag vom 15. März 1910. Rudolf Steiner Gesamtausgabe, Dornach, Schweiz.

10 Rudolf Steiner (2001). Vorträge und Kurse über christlich-religiöses Wirken, V. Apokalypse und Priestertum. GA 346, 5. Vortrag. Rudolf Steiner Verlag, Dornach, Schweiz.

11 J. Emanuel Zeylmans van Emmichoven (2022). Wer war Ita Wegman? Eine Dokumentation, Band 1 – 1876–1925. Verlag am Goetheanum, Dornach, Schweiz.

12 Siehe Seite 415 und folgende in: J. Emanuel Zeylmans van Emmichoven (2009). Wer war Ita Wegman Band 4: Die Erkraftung des Herzens. Eine Mysterienschulung der Gegenwart. Rudolf Steiners Zusammenarbeit mit Ita Wegman. Verlag am Goetheanum, Dornach, Schweiz.

13 Siehe Anmerkung 4.

Abbildungsnachweis

Gemeinfrei: Coverbild mitte, Abb. 4, 5, 19, 22, 23, 24, 25, 26, 37, 39

Coverbild links: rmueller / photocase.de

Abb. 1: Von Unknown author – Françoise Foliot, CC BY-SA 4.0, https://commons.wikimedia.org/w/index.php?curid=86160563
Abb. 3: Von ArchaiOptix – Own work, CC BY-SA 4.0, https://commons.wikimedia.org/w/index.php?curid=133208034
Abb. 6: Von Napoleon Vier, CC BY-SA 3.0, https://commons.wikimedia.org/w/index.php?curid=1792960
Abb. 7: Von Fab5669 – Eigenes Werk, CC BY-SA 4.0, https://commons.wikimedia.org/w/index.php?curid=62336377
Abb. 26b: Aus: Suchantke, Andreas: Metamorphose. Kunstgriff der Evolution. Verlag Freies Geistesleben, Stuttgart 2002, S. 69.
Abb. 38: Von Int3gr4te – Own work, CC BY-SA 3.0, https://commons.wikimedia.org/w/index.php?curid=5461505
Abb. 39: Von Daderot – Own work, CC0, https://commons.wikimedia.org/w/index.php?curid=23364573

Annelijn Steenbrugger: Abb. 12, 29a, 29c
BD-Vereinigung: Abb. 14b
Bioimpuls: Abb. 30, 31, 32
Edith Lammerts van Buere: Abb. 2c, 7, 8, 16, 29d
Elza Matthijssen: Coverbild rechts, Abb. 14a
Gerda Peters, Fingerprint: Abb. 10, 11, 15, 18, 25, 27, 28, 35, 36
Jan Bokhorst: Abb. 18, 33
Jozien Vos: Abb. 21
Leo Klein/Nard Besseling, Malpertius: Abb. 9
Michiel Wijnbergh: Abb. 13
Ruth Richter: Abb. 34
Shutterstock: Abb. 2a, 2b, 20, 29b
Stichting Demeter: Abb. 17

Edith Lammerts van Bueren (*1952)

wurde in den Niederlanden als Tochter eines niederländischen Vaters und einer englischen Mutter geboren und wuchs in ihrer frühen Kindheit in Indonesien und Venezuela auf. Nach der Matura studierte sie an der Universität Wageningen.

Von 1978 bis 1984 war sie als Dozentin an der biodynamischen Landwirtschafts- und Gartenbauschule *Warmonderhof* tätig.

Von 1984 bis 1986 forschte sie an der Universität Wageningen zu Fragen des biologischen Landbaus. Von 1986 bis zu ihrer Pensionierung Ende 2017 war sie als Wissenschaftlerin mit dem *Louis Bolk Instituut* (Niederlande) verbunden, das zu Fragen auf dem Gebiet der nachhaltigen Landwirtschaft, Ernährung und Gesundheit forscht. Sie konzentrierte sich vor allem auf das Gebiet der biologischen Pflanzenzüchtung.

Neben dieser Tätigkeit wurde sie 2005 auf den außerordentlichen Teilzeit-Lehrstuhl für Biologische Pflanzenzüchtung an der Universität Wageningen berufen. Dieser Lehrstuhl war der erste für biologische Pflanzenzüchtung weltweit. Sie publizierte zahlreiche wissenschaftliche Veröffentlichungen und bildete erfolgreich Studenten und Doktoranden aus.

Edith Lammerts van Bueren war u. a. Mitglied des Wissenschaftlichen Rates für integrale nachhaltige Landwirtschaft und Ernährung in den Niederlanden. Sie war ebenfalls Mitbegründerin und erste Vorsitzende des Europäischen Konsortiums für biologische Pflanzenzüchtung (ECO-PB) und ist Präsidentin der BioAcademy.

Edith Lammerts van Bueren ist verheiratet und hat zwei Söhne und vier Enkelkinder.

Biologisch-
dynamischer
Weinbau